AF287941

Der Gabelstaplerfahrer

Sicheres Bedienen von Gabelstaplern

von
Timo Zimmermann, M. Sc. Maschinenbau
Technischer Leiter des Institutes für
Arbeitssicherheit und Gesundheitsschutz – IAG Mainz

Bernd Zimmermann, Rechtsanwalt
Inhaber und juristischer Leiter des IAG Mainz

mit 150 Bildern und Zeichnungen sowie
10 Übungsfragen zur Prüfungsvorbereitung

Impressum:

31. Auflage 2024
© 1984 Resch-Verlag, Dr. Ingo Resch GmbH
Maria-Eich-Straße 77, D-82166 Gräfelfing
Alle Rechte vorbehalten.
Umschlagzeichnung: Eckert-Design, München
Bildnachweis: s. Seite 75
Druck und Bindung: Max Siemen KG, D-22143 Hamburg
Printed in Germany
ISBN 978-3-930039-02-9

Liebe Leserinnen, liebe Leser,

an Gabelstaplerfahrer werden hohe Anforderungen gestellt. Zwar bauen die Hersteller sichere Maschinen – aber ohne qualifizierte Bediener sind diese Fahrzeuge gefährliche „Werkzeuge".

Seit der **1. Auflage im Jahr 1984, also seit mehr als 40 Jahren**, hat diese Broschüre tausenden von Staplerfahrern eine wertvolle Hilfe für den sicheren Umgang mit diesen komplexen und auch gefährlichen Arbeitsmitteln gegeben – auch übersetzt in mehrere Sprachen.

Der langjährige Autor Bernd Zimmermann und der Neuzugang Timo Zimmermann sowie der Verlag sind stolz darauf und sich auch der Verantwortung bewusst, in der nunmehr 31. Auflage dieses Anliegen weiter zu verfolgen.

Auch zukünftig werden wir dieses Werk stetig weiterentwickeln und hoffen so, dass Fehler und Unfälle mit Gabelstaplern vermieden werden können – zum Wohle des Arbeits- und Gesundheitsschutzes.

> **Denken Sie daran:**
> *Gabelstapler haben viele Sicherheitseinrichtungen. Diese ersetzen aber nicht den sorgfältigen und umsichtigen Umgang mit ihnen.*
>
> *(Bernd und Timo Zimmermann)*

Die Broschüre behandelt alles, was der Staplerfahrer an Basics / Grundlagen wissen und beherrschen sollte. Sie ist gegliedert in viele Einzelthemen, die kompakt und anschaulich unter Verwendung zahlreicher Bilder und Illustrationen erklärt werden.

Nehmen Sie sich deshalb Zeit beim Durcharbeiten der Broschüre. Am Ende haben wir zudem Fragen für Sie zusammengestellt. Damit können Sie feststellen, ob Sie den Inhalt der Broschüre verstanden haben.

- Die Autoren -

Hinweis: Aus Gründen der besseren Lesbarkeit wird in der Broschüre bei personengebundenen Bezeichnungen die männliche Sprachform (z. B. Fahrer) stellvertretend für alle Geschlechter verwendet.

Inhaltsverzeichnis

Bauarten

Gegengewichtsstapler

Diese Broschüre beschäftigt sich schwerpunktmäßig mit dem **Gegengewichtsstapler** und seinem Hauptvertreter – dem **Frontstapler**.

Diese Bauart eignet sich sowohl für den Einsatz in Lagern (= **Innenbereich**) als auch zum Betrieb im **Außenbereich** und für den Betrieb im **öffentlichen Verkehrsraum** (mit Sonderausstattung versehen → Seite 59), da es diese Fahrzeuge mit verschiedenen Antriebsarten gibt. Sie können elektrisch angetrieben sein, durch einen Verbrennungsmotor (Diesel, Gas) oder eine Kombination von beidem (Hybrid).

Sie verfügen über einen vor der Vorderachse angebrachten **Hubmast**, auf den der Fahrer beim Vorwärtsfahren

Elektro-Frontstapler im Innenbereich

schaut. Standardmäßig sind zunächst Gabelzinken montiert, um z. B. Paletten aufzunehmen.

Durch eine Reihe von Anbaugeräten (→ Seiten 44 f.) können Gabelstapler zum Transport einer Vielzahl verschiedener Lasten eingesetzt werden, z. B. Schüttgut oder Papierrollen.

Der Begriff „Gegengewichts"stapler erklärt sich dadurch, dass die aufgenommene Last vor der Vorderachse durch ein **Gegengewicht** hinten am Gerät (z. B. über der Hinterachse) „gehalten" wird.

Hauptbauart des Gegengewichtsstaplers ist der **Frontstapler**. Diesen gibt es mit geringen Tragfähigkeiten bis hin zu **Schwerlaststaplern**, die über 50 Tonnen heben können. Durch größere Reifen und mehr Bodenfreiheit sind spezielle **Geländestapler** für den Einsatz auf unebenem und weichem Boden optimiert.

Frontstapler mit umweltschonender Hybridtechnik im Außeneinsatz

Großer Elektrostapler mit einer Tragfähigkeit von 16 Tonnen

Große Reifen mit tiefem Profil sorgen beim Geländestapler für die nötige Bodenhaftung.

Weitere Vertreter sind der **Container-stapler** und der **Teleskopstapler (Reach Stacker)**, die mit einem speziellen Last-aufnahmemittel namens **Spreader** aus-gerüstet sind, um Container aufzuneh-men (➔ Seiten 60 f.).

Eine weitere Sonderbauart, die aller-dings nicht klassisch zu den Gegenge-wichtsstaplern zählt, ist der **Seitenstap-ler / Querstapler**, dessen Name daher kommt, dass die Last quer zur Fahrrich-tung aufgenommen wird (➔ Seite 60).

„Klassischer" Containerstapler (links) und Reach Stacker [Teleskopstapler] (rechts)

Der Seitenstapler wird v. a. dort eingesetzt, wo lange Lasten (Langgut) wie Rohre oder Holz transportiert werden.

Weitere Flurförderzeuge

Neben den Gegengewichts-
staplern gibt es noch viele weitere Flurförderzeuge, die nicht
in dieser Broschüre behandelt
werden.

Mitgänger-Flurförderzeuge
werden durch einen mitgehen-
den Bediener über eine Deich-
sel gesteuert.

Mitgänger-Flurförderzeugführerin
beim Entladen eines Lkws

Neben den Mitgänger-Flurförderzeu-
gen gibt es noch viele weitere Bauarten, die in Lagern eingesetzt werden.
Zu diesen **Lagertechnikgeräten** gehö-
ren z. B. Hubwagen, Schubmaststapler
und Kommissionierstapler (Dreiseitenstapler, Schmalgangstapler).

Beim Schubmaststapler sitzt der Fahrer quer zur
Fahrtrichtung und kann den gesamten Hubmast
entlang von Radarmen nach vorne schieben. Es sind
Hubhöhen bis knapp 15 Metern möglich.

Dreiseitenstapler mit hebbarem Steuerstand
zum Kommissionieren im Schmalgang

Wagen / Schlepper zum Verziehen von Anhängern oder Routenzügen

Wagen und Schlepper transportieren zwar Lasten, können diese allerdings meist selbst nicht heben. Entweder werden sie wie beim Wagen auf einer Ladefläche transportiert oder durch Verziehen eines Anhängers oder Routenzugs bewegt.

Die Besonderheit des **Lkw-Mitnahmestaplers** ist, dass er hinten am Lkw transportiert werden kann und somit direkt am Einsatzort verfügbar ist.

Lkw-Mitnahmestapler haben viele Besonderheiten im Vergleich zu klassischen Gabelstaplern (z. B. Anbringen am Fahrzeug, Abstützungen, vorschiebbare Gabeln)

Teleskopmaschinen

Die Teleskopstapler zeichnen sich durch ihre **vielseitigen Einsatzmöglichkeiten** aus: Sie können mit vielen verschiedenen Anbaugeräten betrieben werden und kommen vorwiegend auf Baustellen und in der Landwirtschaft zum Einsatz, hier auch als Zugmaschinen.

Im Unterschied zu den Frontstaplern, die die Last über einen vor der Vorderachse (oder beim Querstapler seitlich) angebrachten Hubmast aufnehmen, nimmt der Teleskopstapler die Last über einen nach vorne **ausziehbaren Arm** auf, der hinten am Fahrzeug montiert ist. Durch diese Konstruktion können auch sehr weit entfernte Lasten aufgenommen werden.

Für das Bedienen dieser Geräte benötigen Sie eine **eigenständige Grundqualifizierung** (nach DGUV Grundsatz 308-009 „Geländegängige Teleskopstapler") mit eigenem Fahrausweis. Ein normaler Staplerschein reicht hier nicht aus, denn diese geländegängigen Teleskopstapler – ob mit starrem Teleskoparm oder auf drehbarem Oberwagen befestigt – sind eigene Bauarten und damit auch nicht Bestandteil dieser Broschüre. Neben dem eigenen Qualifizierungsgrundsatz existieren auch spezielle Lehrmedien.

Teleskopmaschine mit starrem Teleskoparm mit Greifschaufel im landwirtschaftlichen Einsatz

Teleskopmaschine mit drehbarem Oberwagen und Arbeitsbühne

Die einzige **Ausnahme** bildet hierbei der **Reach Stacker** (➜ Seite 61) – ein nicht geländegängiger Teleskopstapler zum Transport von Containern. Für dieses Gerät benötigen Sie zusätzlich zur Grundqualifizierung auf einem Frontstapler eine **Zusatzqualifizierung** (nach DGUV G 308-001).

11

Bauelemente

Je nach Bauart verfügt das Flurförderzeug über **verschiedene Bauelemente**.

Die Norm ISO 5053 benennt
diese wie folgt:

1 Rahmen
2 Gegengewicht
3 Antriebsachse
4 Lenkachse
5 Hubgerüst
6 Gabelträger
7 Gabelzinken
8 Lenkrad
9 Fahrerschutzdach

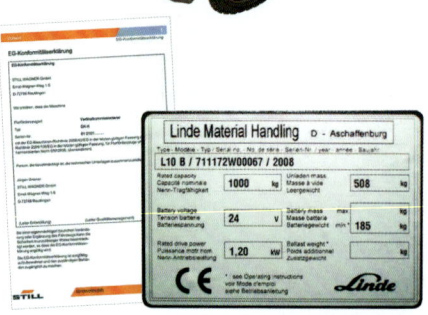

Eine wirkungsvolle Sicherheitseinrichtung neben dem Fahrerschutzdach ist das **Lastschutzgitter**. Flurförderzeuge mit Gabelzinken und Hubhöhen von mehr als 1800 mm müssen so gebaut sein, dass sie mit einem Lastschutzgitter ausgerüstet werden können (DIN EN ISO 3691-1).

Es soll dazu dienen, die Last zu stützen, sodass sie nicht auf den Fahrer fallen kann.

Alle neuen Flurförderzeuge müssen zudem vom Hersteller mit einem **CE-Zeichen** versehen sein sowie eine **Konformitätserklärung** haben. Beides dient dazu, dem Benutzer der Fahrzeuge zu versichern, dass der Hersteller nach den für diese Maschinen geltenden Vorschriften (Maschinenverordnung, Maschinenrichtlinie, Normen) gebaut hat.

CE-Zeichen auf dem Typenschild und Konformitätserklärung

Anforderungen an den Fahrer

Voraussetzungen zum selbstständigen Führen eines Gabelstaplers:

1. Mindestalter 18 Jahre.
   Ab 16 Jahren kann ausgebildet werden.
2. Eignung – körperlich, geistig, charakterlich
3. Theoretische und praktische Qualifizierung mit Prüfungen

Eignung

Sie müssen zum Fahren **geeignet**, also fahrtauglich sein. Der Umgang mit einem Gabelstapler setzt ein hohes **Verantwortungsbewusstsein** voraus, deshalb gilt u. a. die Altersvoraussetzung. Der Erwachsene denkt mehr über mögliche Folgen seines Handelns nach als ein junger Mensch.

Körperliche Eignung bezieht sich auf die Gesundheit. Hier kommt es auch darauf an, dass Sie **gut sehen**, **gut hören** und **gut reagieren** können.

Denken Sie an Folgendes: Eine Last in großen Höhen ein- und auszulagern ist eine Arbeit auf Zentimeter. Auch die Lichtverhältnisse sind nicht immer optimal. Dennoch muss die Arbeit sicher ausgeführt werden.

Wenn etwas schief geht, dann tragen Sie die Verantwortung mit (→ Seite 67).

Hier sollte der Fahrer schon gut sehen können, trotz ggf. zusätzlicher Hilfsmittel wie Kamerasystemen.

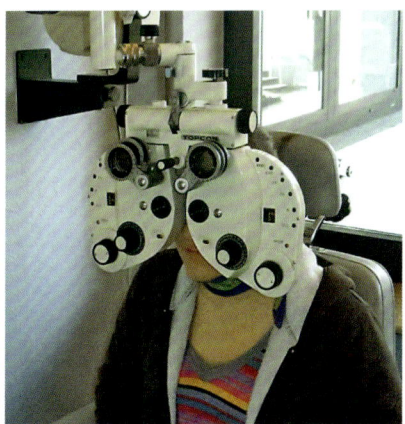

Bei der Eignungsbeurteilung wird deshalb u. a. das Sehvermögen getestet. Auch das räumlich richtige Wahrnehmen ist gefordert.

Bedenken Sie ferner: Ein Fahrer muss sich für ein gutes Blickfeld beim Rückwärtsfahren ausreichend umdrehen können.

Träger von aktiven oder passiven Körperhilfen, z. B. Herzschrittmachern oder Implantaten, aber auch von Körperschmuck können durch ein elektrisches Umfeld gefährdet sein. Ggf. ist ärztlicher Rat einzuholen.

Geistige Eignung setzt voraus, dass der Fahrer die Zusammenhänge erkennt, z. B. ein Tragfähigkeitsdiagramm oder eine Betriebsanweisung lesen und verstehen kann oder die Kennzeichnung an einem Regal.

Charakterliche Eignung bedeutet verantwortungsbewusstes und zuverlässiges Arbeiten als Voraussetzung zum Fahren mit einem Gabelstapler.

Qualifizierung / Ausbildung

Wenn Sie die Eignungsvoraussetzungen erfüllen, können Sie die Qualifizierung / Ausbildung in Angriff nehmen. Diese besteht aus einem **theoretischen** und einem **praktischen Teil**.

Nehmen Sie dabei den theoretischen Teil nicht zu leicht. Es gehört schon ei-

niges dazu, zu wissen, wie ein solches Gerät reagiert. Das hängt sehr stark von der Last, den Wegen, den Kurven, der Geschwindigkeit usw. ab. Nur wer diese Zusammenhänge wirklich begriffen, und dann auch den praktischen Teil der Qualifizierung ordnungsgemäß durchlaufen hat, verfügt über die erforderlichen Grundvoraussetzungen für ein sicheres Staplerfahren.

Die Qualifizierung muss mit einer **Prüfung in Theorie und Praxis** erfolgreich abgeschlossen werden. Anschließend erhält der Fahrer einen **Fahrausweis und ein Qualifikationszertifikat** (s. DGUV G 308-001 Kap. 3.6).

Die **Qualifizierung** gliedert sich in drei Stufen:

Stufe 1: Allgemeine Qualifizierung
In einer ausführlichen allgemeinen Qualifizierung werden alle Inhalte in Theorie und Praxis vermittelt, um einen Stapler sicher zu bedienen. Sie erfolgt in der Regel auf einem klassischen Frontstapler mit Gabelzinken.

Stufe 2: Zusatzqualifizierung
Sollen Sie später spezielle Bauarten oder besondere Anbaugeräte (z. B. Klammern) einsetzen, bedarf es einer Zusatzqualifizierung. Bauarten, für die eine Zusatzqualifizierung gefordert wird, sind z. B. Schubmaststapler, Querstapler, Dreiseitenstapler (Schmalgangstapler), Containerstapler und Reach Stacker. Auch für Lkw-Mitnahmestapler ist dies sinnvoll.

Stufe 3: Betriebliche Qualifizierung
In jedem Fall schließt die Qualifizierung zum Staplerfahrer mit einer **verhaltens- und gerätebezogenen Unterweisung** am Einsatzort im jeweiligen Betrieb ab. Sie beinhaltet sowohl die Einweisung auf alle konkreten Modelle, die bedient werden sollen, als auch alle betriebsspezifischen Sicherheitsregeln, wie Verkehrsregelungen und die Inhalte der Betriebsanweisungen.

Fahrauftrag, Unterweisung

Unter der Voraussetzung der Eignung und der erfolgreichen Qualifizierung in Theorie und Praxis muss der Unternehmer oder dessen Beauftragter dem Fahrer einen schriftlichen **Fahrauftrag**, z. B. in dem von uns entwickelten Fahrausweis (s. Abb.) erteilen.

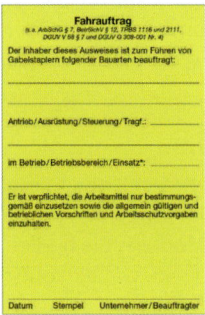

Der **Fahrausweis** bestätigt Ihre Eignung, Qualifizierung, die Beauftragung für bestimmte Geräte und Betriebsbereiche, Zusatzqualifizierungen und jährliche Unterweisungen. Er ist Ihr Eigentum. Der Fahrauftrag gilt nur für das Unternehmen, das den Auftrag erteilt hat.

Wechseln Sie das Unternehmen, muss Ihnen ein neuer Fahrauftrag, ggf. auf einem beim Resch-Verlag beziehbaren Ergänzungsblatt, erteilt werden. Die im Ausweis dokumentierten Qualifizierungen kann Ihnen allerdings niemand mehr nehmen. Besitzen Sie einen Kfz-Führerschein, ist dieser sehr hilfreich, ersetzt aber nicht den Fahrausweis (→ Seite 59).

Sollten die körperlichen und / oder fachlichen Voraussetzungen nicht mehr gegeben sein, muss der Unternehmer den Fahrauftrag widerrufen.

Die **regelmäßigen / jährlichen Unterweisungen** schaffen Sicherheit. Denken Sie daran, dass die Teilnahme an der Unterweisung **Pflicht** ist. Routine macht leichtsinnig, deshalb ist es wichtig, sich immer wieder mit den Risiken aber auch mit den Möglichkeiten des Staplers zu befassen und verschüttetes Wissen wieder aufzufrischen. Nehmen Sie nicht an den Unterweisungen teil, droht ihnen der Verlust Ihres Fahrauftrages.

Fort- und Weiterbildung sind ebenfalls wichtig. Wenn Sie andere Flurförderzeuge als Gabelstapler bedienen sollen, dann greifen Sie bei Ihrer Zusatzqualifizierung auf Spezialbroschüren zurück (→ Seiten 8 f.).

Sie können ein erfahrener Profi sein, doch die Technik wird weiterentwickelt, und mit anderen betrieblichen Gegebenheiten und möglichen Gefahren müssen Sie vertraut sein, um ihnen wirkungsvoll begegnen zu können.

Auch Sondereinsätze, wie z. B. der Umgang mit Gefahrstoffen, bedürfen zusätzlicher Unterweisungen. Das gilt auch, wenn Sie mit dem Stapler auf öffentlichem Verkehrsraum be- und entladen sollen.

Betriebsanleitung, Betriebsanweisung

Zu jeder Maschine gehört eine **Betriebsanleitung** (oftmals auch Bedienungsanleitung, Gebrauchsanleitung oder Handbuch genannt). Der **Hersteller** muss sie mitliefern. Sie enthält für den Benutzer alles, was das Gerät betrifft – und er muss sie kennen. Sie ist beim Stapler mitzuführen, z. B. auf der Rückseite des Fahrersitzes.

Tasche hinter dem Fahrersitz – hier hätte die Betriebsanleitung Platz.

Sind bestimmte **Einsätze**, wie z. B. die auf den ➜ Seiten 47 bis 59, in der Anleitung **nicht erläutert**, ist vorher der Hersteller zu Rate zu ziehen und seine **Zustimmung schriftlich einzuholen**. Sonst kann es gefährlich werden und im Falle eines Unfalls auch zu rechtlichen Konsequenzen kommen.

Aus der Betriebsanleitung ergibt sich die **bestimmungsgemäße Verwendung**. Nur der Hersteller sagt Ihnen,

wie Sie sein Fahrzeug benutzen dürfen. Sie als Fahrer und auch Vorgesetzte dürfen nicht darüber hinausgehen. Passiert ein Unfall, sind Sie sonst in der **Verantwortung** – hat ein Vorgesetzter es angeordnet, auch er (➜ Seite 67)!

Die **Betriebsanweisung** zum Staplereinsatz muss der **Unternehmer** erstellen. Sie berücksichtigt die Betriebsanleitung, die Unfallverhütungsvorschriften und die Betriebsgegebenheiten. Sie muss an geeigneter Stelle ausgehängt werden bzw. den Fahrern, z. B. in Explosivstoffbetrieben, übergeben und von diesen mitgeführt werden.

Als Staplerfahrer müssen Sie alle Betriebsanleitungen Ihrer Geräte und alle relevanten Betriebsanweisungen kennen und beachten. Flurförderzeuge dürfen nur bestimmungsgemäß eingesetzt werden.

Kleidung und persönliche Schutzausrüstung (PSA)

Persönliche Schutzausrüstung kann die Folgen eines Unfalls drastisch mindern und im Fall der Fälle Ihr Leben retten.

Passende Kleidung: Der Fahrer darf mit seiner Kleidung nicht an Stellteilen hängen bleiben; Jacken müssen zugeknöpft sein. Dies gilt auch für Ärmel; es sei denn, sie werden nach innen umgeschlagen.

Sicherheitsschuhe sind Standard, auch wenn die Staplerhersteller meist nur festes Schuhwerk vorschreiben. Gefahren für die Füße drohen aber, sobald das Fahrzeug verlassen wird.

Schutzhelm und **Schutzhandschuhe** sind einzusetzen, wenn Gefahren für Kopf oder Hände gegeben sind: ein Helm z. B., wenn Kleingegenstände aus Regalen fallen können oder Schutzhandschuhe für das Hantieren an spitzen, scharfen oder porösen Lasten wie Holzpaletten.

Spezielle Schutzausrüstungen, wenn es Einsatzbereich oder Ladegut erfordern, sind z. B.:

- Kälteschutzkleidung in Kühlhäusern
- Funken- und Hitzeschutz, z. B. in Gießereien
- Gehörschutz im Lärmbereich

- Spezialausrüstung beim Umgang mit Gefahrstoffen
- Sicherheitsgeschirr bei Arbeiten aus einer Arbeitsbühne heraus, insbesondere mit Handmaschinen (→ Seite 49)
- Warnweste auf einem Container-Terminal
- Wetterschutzkleidung bei Arbeiten im Freien

Ordnet der Betrieb das Tragen von PSA an, ist es Pflicht!

Wo man gesehen werden muss, hat sich das Tragen auffälliger und reflektierender Kleidung bewährt, insbesondere, wenn man aussteigt.

Tägliche Einsatzprüfung

Der Fahrer muss seinen Stapler, die Zusatzeinrichtungen (Anbaugeräte) und ggf. Anhänger täglich auf Sicherheitsmängel überprüfen (Sicht- und Funktionsprüfung).

Auch während des Einsatzes hat er auf die Betriebssicherheit zu achten.

Mängel sind sofort dem Vorgesetzten zu melden. Seine Anweisungen sind abzuwarten. Sonst fährt der Unfall mit, und die Zeit, die man zur Behebung eines Mangels oder gar Schadens aufbringen muss, ist viel größer als die Prüfzeit.

Ein **Betriebs-Kontrollbuch** ist hilfreich! Gerade auch für den täglichen Check, die Instandhaltungs- und Prüfungsplanung, für die Dokumentation von Abgasmessungen sowie der Wartungsarbeiten an Staplern.

Die **Einsatzprüfung** schreiben auch die Hersteller in ihren Betriebsanleitungen vor. Sie steht zudem in verschiedenen Rechtsvorschriften wie z. B. der Unfallverhütungsvorschrift 68 „Flurförderzeuge" – ebenfalls die **Mängelmeldung**, die genauso verpflichtend ist.

Übrigens: Ist ein Flurförderzeug im Mehrschichtbetrieb im Einsatz, sollte es mehrmals pro Tag kontrolliert werden. Das gilt ebenfalls, wenn es z. B. morgens benutzt wird und dann erst wieder abends – auch dann macht ein kurzer Rundumcheck Sinn.

Ihre PSA sollte ebenfalls einer täglichen Kontrolle unterliegen.

Setzen Sie keinen Stapler mit sicherheitsrelevanten Mängeln ein.

Physikalische Grundlagen in der Praxis

Standsicherheit

Die lenkende Achse beim Stapler ist immer hinten, wodurch der Stapler sehr wendig ist. Die Lenkachse (hinten) ist entweder als **Drehschemel ❶** oder als **Pendelachse ❷** ausgeführt. Beide Konstruktionen haben gemeinsam, dass sie nur in der Mitte des Staplers befestigt sind. Auch bei einem Vierradstapler ist die Achse nur an einem Punkt in der Mitte pendelnd aufgehängt, wodurch Bodenunebenheiten ausgeglichen werden können.

Durch diese Achskonstruktion haben Gabelstapler ein **Standsicherheitsdreieck als Standfläche.** Ein Stapler ist immer dann standsicher, wenn sich der **Gesamtschwerpunkt tief und mittig** in diesem Dreieck befindet. Dadurch sind die sog. Gegenkippstrecken groß und die Kippgefahr kleiner.

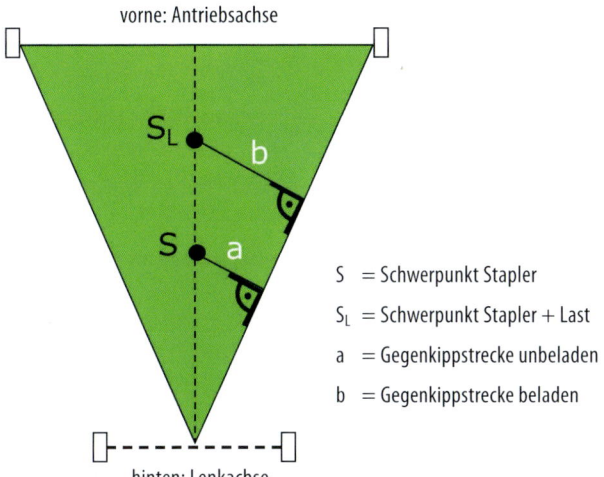

vorne: Antriebsachse

S_L = Schwerpunkt Stapler + Last

S

a

b

S = Schwerpunkt Stapler
S_L = Schwerpunkt Stapler + Last
a = Gegenkippstrecke unbeladen
b = Gegenkippstrecke beladen

hinten: Lenkachse

Der **Gesamtschwerpunkt** setzt sich zusammen aus dem **Lastschwerpunkt** und dem **Fahrzeugschwerpunkt**. An diesen Schwerpunkten greifen die physikalischen Kräfte an.

Je schwerer und je weiter vorne die Last, desto weiter „wandert" auch der Gesamtschwerpunkt zur vorderen Kippkante (= Begrenzung der Standfläche). **Kommt der Gesamtschwerpunkt über die Kippkante hinaus, kippt der Stapler um.**

Beim Aufnehmen einer Last wandert der Gesamtschwerpunkt nach vorne. Der Abstand zu den seitlichen Kippkanten ist dadurch beim unbeladenen Stapler kleiner, weshalb **ein unbeladener Stapler zur Seite kippempfindlicher ist als ein beladener Stapler.**

Stapler leer = Schwerpunkt (sog. Fahrzeugschwerpunkt) liegt hinten.

Gesamtschwerpunkt ist durch die aufgenommene Last nach vorne „gewandert".

21

Tragfähigkeit

Ein Gegengewichtsstapler funktioniert nach dem Hebelgesetz. Je weiter die Last vor der Vorderachse ist, desto größer ist ihr Hebelarm und desto leichter kann sie den Stapler umkippen.

Es ist wie bei einer Wippe, bei der man seinen Hebelarm vergrößert, indem man sich ganz ans Ende der Wippe setzt. Ist man allerdings schwerer als die Person gegenüber, setzt man sich weiter Richtung Mitte, um den Hebel zu verkleinern.

Auch bei der Hubhöhe ist der Hebelarm zum Boden entscheidend. Je höher die Last, desto einfacher können die Trägheits- und Fliehkraft (→ Seiten 30 und 33) den Stapler umkippen.

Die **Tragfähigkeit** (auch Traglast genannt) berücksichtigt all das und gibt an, wie viel Last in welcher Situation sicher aufgenommen werden kann. Sie wird bestimmt durch:

- den Lastschwerpunktabstand,
- die Höhe des Lastschwerpunktes,
- die Mittigkeit des Lastschwerpunktes (im Beispiel unten genau in der Mitte zwischen den Gabelzinken – auf der Längsachsmitte).

Lastschwerpunkt =
Massenmittelpunkt der Last
(bei gleichmäßig beladener Palette: genau in der Mitte der Last, wo sich die Diagonalen schneiden)

Lastschwerpunktabstand (LSA) =
Abstand zwischen Gabelrücken und Schwerpunkt der Last
(Beispiel unten: ½ Palettentiefe)

Lastarm =
Abstand zwischen Vorderachse und Schwerpunkt der Last

Den Lastschwerpunktabstand bitte nicht mit dem Lastarm verwechseln!

Je größer der Lastarm und die Hubhöhe, desto geringer die Tragfähigkeit.

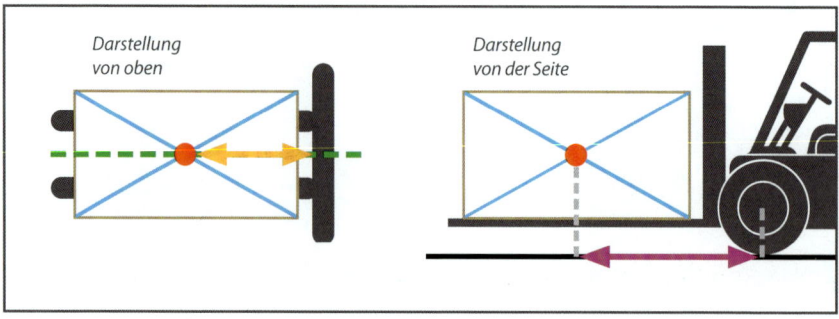

Darstellung von oben

Darstellung von der Seite

Aufschluss über die Tragfähigkeit gibt das **Tragfähigkeitsdiagramm** oder die **Lasttabelle** des Herstellers.

Vorgehen beim Ablesen:
1. LSA feststellen / messen und auf der unteren Achse suchen.
2. Senkrecht nach oben gehen bis zu der benötigten Hubmastlinie.
3. Waagerecht nach links gehen und das maximale Lastgewicht ablesen.

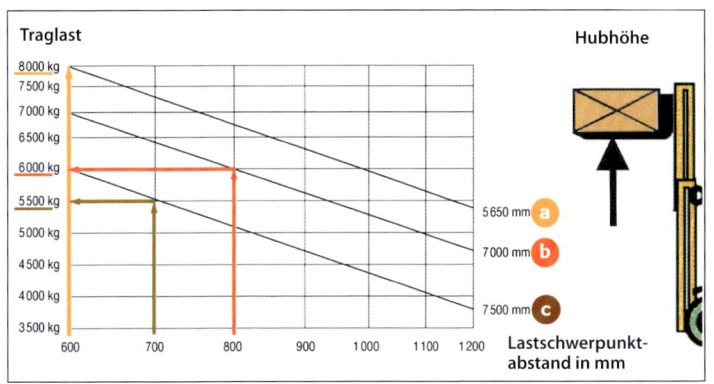

Tragfähigkeits-diagramm eines Frontstaplers mit drei Hubmasten (a, b, c)

Drei Lösungsbeispiele für die zulässige Traglast in Abhängigkeit von LSA und Hubhöhe:

a LSA 600 mm, Hubhöhe (a) → Traglast max. 8.000 kg

b LSA 800 mm, Hubhöhe (b) → Traglast max. 6.000 kg

c LSA 700 mm, Hubhöhe (c) → Traglast max. 5.500 kg

Anmerkung: Liegen die benötigten Werte zwischen zwei Zahlen im Diagramm, sollten Sie immer auf Nummer sicher gehen und die Werte wählen, die ein niedrigeres Lastgewicht ergeben.

Beim Einsatz von Anbaugeräten ist die Tragfähigkeit reduziert (durch Eigengewicht, Vorbaumaß, Arbeitsweise → Typenschild).

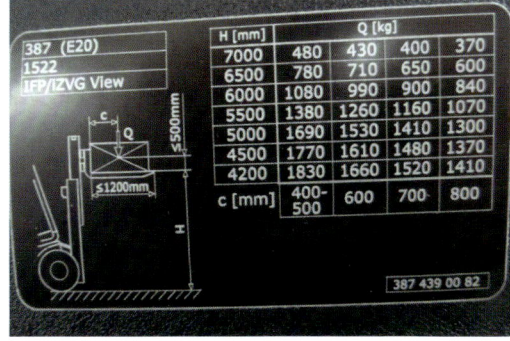

H [mm]	Q [kg]			
7000	480	430	400	370
6500	780	710	650	600
6000	1080	990	900	840
5500	1380	1260	1160	1070
5000	1690	1530	1410	1300
4500	1770	1610	1480	1370
4200	1830	1660	1520	1410
c [mm]	400-500	600	700	800

387 (E20)
1522
IFP/IZVG View

387 439 00 82

Zusatzgerät Typ 3 T - 1 5 1 - P 2

mindert die Traglast um 300 kg

Das Ablesen aus einer Lasttabelle funktioniert ganz ähnlich zum Tragfähigkeitsdiagramm.

Bei **Teleskopstaplern** werden die zulässigen Traglasten in Form von Kurven dargestellt. Da der Reach Stacker hauptsächlich zum Containertransport eingesetzt wird, ist auch das Diagramm in die Abmaße von Containern eingeteilt.

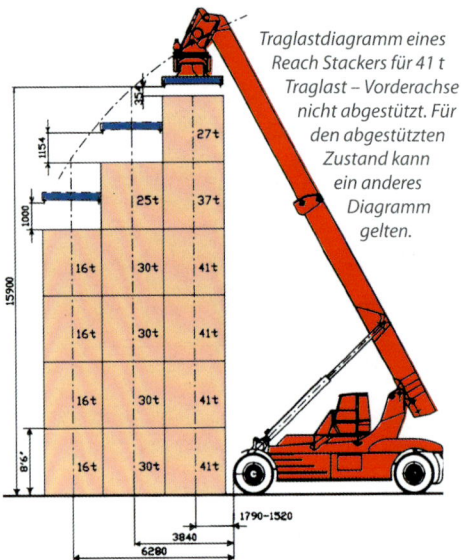

Traglastdiagramm eines Reach Stackers für 41 t Traglast – Vorderachse nicht abgestützt. Für den abgestützten Zustand kann ein anderes Diagramm gelten.

Die Hersteller gehen bei ihren Angaben zur Tragfähigkeit immer von einem mittigen Lastschwerpunkt aus. Eine mittige Lastaufnahme duldet nur ganz geringe Abweichungen:

Tragfähigkeit in kg	Zulässige Abweichung in mm
bis 6.300	bis 100
> 6.300 - 10.000	bis 150
> 10.000 - 20.000	bis 250
über 20.000	bis 350

Außermittigkeit = unzulässige Abweichung des Schwerpunktes von der **Längsachsmitte** nach rechts und links (➜ Zeichnungen Seite 22 unten).

Da **hängende Lasten** zum Pendeln neigen, sollten sie als außermittig eingestuft werden – mit der Folge, dass die **Tragfähigkeit nicht ausgeschöpft** werden sollte. Je stärker sie pendeln können, desto mehr ist die Tragfähigkeit zu reduzieren. Deshalb gilt: Pendeln vermeiden / gering halten, z. B. durch Einsatz von Traversen oder Big Bags, die an mehreren „Anschlagpunkten" befestigt sind.

Das Gleiche gilt für den Transport **kopflastiger** Güter und Flüssigkeiten. Auch hier gilt: **Tragfähigkeit reduzieren**.

Bei hängenden Lasten gelten besondere Regeln (➜ Seiten 54 f.).

Lastaufnahme

Gabelstapler nur vom bestimmungsgemäßen Steuerplatz aus bedienen. Nur so können Sie schnell reagieren und bringen sich und andere nicht in Gefahr.

Ausreichend lange Gabelzinken verwenden. Erforderlichenfalls Gabelschuhe benutzen.

> **Hinweis:** Die Zinken müssen die Schuhe mit 60 % ihrer Länge unterfangen. Sie sind am Zinken gegen Abziehen zu sichern.

Gabelzinken und Last nicht auf dem Boden schleifen lassen, sie werden sonst beschädigt.

> *Die Last direkt am Gabelrücken aufnehmen.*

Dadurch wird die Last so weit wie möglich unterfangen, liegt stabil auf den Gabelzinken und kippt nicht nach vorne von der Gabel oder gleitet beim Bremsen ab.

Auch sind dadurch Lastschwerpunktabstand und Lastarm klein. Der Lastschwerpunkt befindet sich nah am Fahrzeug, wodurch auch der Gesamtschwerpunkt sicher in der Mitte des Standsicherheitsdreiecks liegt.

Kann eine Last nicht direkt beim ersten Aufnehmen am Gabelrücken platziert werden, muss sie erneut auf dem Bo-

Nur vollständiges Unterfangen der Last mit den Gabelzinken gewährleistet einen optimal sicheren Transport.

Lastarm

den abgestellt werden, um sie in einem zweiten Schritt ganz am Gabelrücken aufzunehmen.

Vorsicht auch beim Transport hängender Lasten oder Flüssigkeiten. Sie entwickeln eine Eigendynamik durch Pendeln (→ Seiten 24 und 54) bzw. Schwappen.

Lasten möglichst mittig aufnehmen (→ Seite 24).

Entsprechend sind die Gabelzinken mittig und ausreichend voneinander entfernt einzustellen. Dies gilt auch bei Seitenschiebern.

Kann die Last nicht mittig aufgenommen werden, ist die zulässige Traglast des Staplers herabzusetzen (→ Seite 24). Wer hier leichtsinnig handelt und die Schwerkraft missachtet, den bestraft das Naturgesetz gnadenlos. Es ist wie auf einer Leiter, wenn Sie sich zu weit zur Seite beugen.

Wesentlich ist auch die **Höhe des Schwerpunktes.** Je höher der Schwerpunkt liegt, desto größer ist die Wahrscheinlichkeit, dass der Stapler kippt.

Deshalb gilt:

Direkt nach dem Aufnehmen runter mit der Last.

Eine Last, die z. B. aus einem hohen Regal aufgenommen wird, ist nach Auslagerung sofort so abzusenken, dass sie

Eine gefährliche Situation! Hoher Lastschwerpunkt = hoher Gesamtschwerpunkt. Wenn jetzt noch schnell und eng in die Kurve gegangen wird, ist die Kippgefahr extrem groß.

bodennah (≤ 500 mm über dem Fahrweg) verfahren werden kann.

Vermeiden Sie es, den Stapler mit hoher Last zu drehen, zu wenden oder damit in die Kurve zu gehen; das hat schon oft zum Umsturz des Staplers geführt.

Auch für Sonderbauarten gilt: Runter mit der Last beim Verfahren

Lastsicherung

Transportieren Sie auf keinen Fall Lasten in oder auf beschädigten Hilfsmitteln wie defekten Gitterboxen oder Europaletten. Das kann später auch zu einem Schaden an der Last oder dem Umfeld führen.

Befördern Sie nur Lasten, die gegen Auseinander- und Herabfallen **gesichert** sind.

Beschädigte Güter sind vor der Lastaufnahme so herzurichten, dass von ihnen keine Gefahren ausgehen.

Treten aus einem zu transportierenden Behältnis Stoffe aus, ist es abzudichten oder der Inhalt umzufüllen. Besonders bei Gefahrstoffen ist hier streng nach Betriebsanweisung zu handeln (→ Seite 56).

Die Last ist sicher zu verstauen, ob auf einer Palette, auf einem Anhänger oder durch spezielle Vorrichtungen wie Anbaugeräte. Erforderlichenfalls sind die Ladungsteile z. B. miteinander zu verzurren.

Keine losen Einzelteile auf der Last mitnehmen, denn sie rutschen leicht ab, egal wie schwer sie sind.

Sie als Fahrzeugführer sind nicht nur für das Steuern des Staplers, sondern genauso für die Last und ihre Sicherung verantwortlich.

> **Hinweis:** Schwere Lasten verrutschen genau so schnell wie leichte Güter. Denken Sie nur an einen Getränkekasten in Ihrem Auto. Er rutscht z. B. bei jedem Abbremsen, egal ob er voll oder leer ist.

Kopflastige Last mit Stretchfolie gesichert

Lastteile zu einer stabilen Ladeeinheit verzurrt / umbändert

Hubmaststellung beim Ein- und Auslagern

Wie ist der Hubmast für sicheres und effizientes Arbeiten richtig einzustellen?

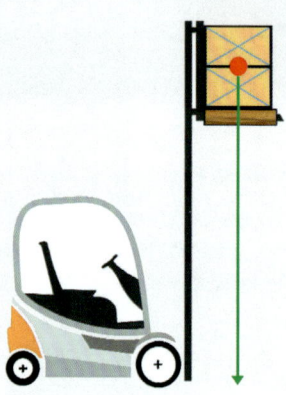

Richtig:
Die Last liegt sicher. Der Lastarm bleibt unverändert. Große Hubmastkorrekturen in der Höhe sind nicht erforderlich. Der Stapler wird nicht überlastet und bleibt standfest.

Der Hubmast ist vor dem Hochheben des Lastaufnahmemittels **lotrecht** auszurichten, sodass die Last waagerecht steht.

Mit hochgehobener Last nur sehr langsam manövrieren (mit Kriechgeschwindigkeit ≤ 2,5 km/h).

Ungünstig:
Kippgefahr, da sich der Gesamtschwerpunkt hinten nahe der
Standdreiecksspitze (→ Seite 21)
befindet und beim Einlagern Last-
korrekturen oben notwendig sind.

Falsch:
Die Last kann durch Schräglage von
den Gabelzinken nach vorn abgleiten.
Außerdem kann der Stapler durch
den verlängerten Lastarm überlastet
werden und nach vorn kippen.

Lasten nur auf **tragfähigem Untergrund**
absetzen. Schiefe Stapel (über 2 % Neigung) unverzüglich abtragen – Einsturzgefahr!

Anmerkung: 2 % sind nur 1,15° – das ist
weniger, als man denkt.

Ebenso sollte nicht zu hoch gestapelt
werden (Verhältnis von Höhe des Sta-
pels zur kleinsten Seite der Grundflä-
che maximal 6 zu 1 in Innenräumen,
außen 5 zu 1).

Verfahren von Lasten

> *Vor Fahrtantritt ist der Hubmast zurückzuneigen.*

Der Lastschwerpunkt wird dadurch näher zum Hubmast herangeholt und der Stapler nach vorn standsicherer.

Durch das Zurückneigen des Hubmastes werden außerdem die Gabelzinkenspitzen angehoben. Dies wirkt für die Last wie ein „Sicherheitsgurt"; denn die **Trägheitskraft**, die u. a. beim Bremsen auftritt, wirkt parallel zur Fahrbahn und so gegen einen „Berg" (die Gabelzinken hinauf).

Wir spüren die Wirkung dieser Kraft beim Autofahren. Ohne den angelegten Sicherheitsgurt würden wir besonders beim starken Abbremsen nach vorn rutschen oder kippen. Auch beim

Anfahren merken wir, dass uns die Trägheitskraft nach hinten in den Sitz drückt. Je abrupter die Bewegungsänderung, desto stärker ist die Trägheitskraft.

Das, was wir spüren, wirkt auch auf die Last. Deshalb ist ein plötzliches Anfahren mit angehobener Last so gefährlich. Die Trägheitskraft kann den Stapler durch den großen Hebelarm zum Boden leicht nach hinten umkippen.

> *Nicht abrupt beschleunigen oder bremsen, außer eine Gefahrensituation erfordert es.*

Beim Fahren ohne Last ebenfalls den Hubmast zurückneigen. Die Gabelspitzen können dadurch nicht auf der Fahrbahn anstoßen oder an einer Hallenauffahrtkante hängen bleiben.

Eine Last, die so transportiert werden würde, könnte schnell nach vorne abgleiten z. B. beim Bremsen.

Nach der Lastaufnahme die Last sofort möglichst bodennah ($\leq$ 500 mm über dem Fahrweg) **absenken**. Das gilt auch für Leerfahrten nach dem Abstellen der Last – also Gabelzinken und (zurückgeneigten) Hubmast in bodennahe Stellung bringen. Diese Stellung bis kurz vor dem Ein- oder Auslagern beibehalten. Der Schwerpunkt der Last und des Staplers liegen so nahe der Fahrbahn und **Wind, Trägheitskraft und Fliehkraft** (➜ Seiten 30 und 33), die am Schwerpunkt wirken, können den Stapler nicht so leicht aus dem Gleichgewicht bringen.

Je höher wir mit dem Schwerpunkt kommen, desto größer wird die Kippgefahr.

Beispiel:

Was meinen Sie, welches Glas kippt leichter?

Das mit dem höheren Schwerpunkt.

So ist es grundsätzlich auch bei Staplern.

> *Lasten bodennah transportieren. So tief wie möglich und nur so hoch wie nötig.*

Nur bestimmte Bauarten, wie hier der Containerstapler sind extra für das Fahren mit angehobener Last konstruiert. (→ Seite 61)

Insbesondere bei **Wind** ist erhöhte Vorsicht geboten und ggf. der Staplerbetrieb einzustellen (schon ab einzelnen Böen der Windstärke 6 = dicke Äste in Bewegung).

Lenkung / Kurvenfahrt

Anders als ein Pkw hat ein Gabelstapler seine **Lenkachse hinten.** Dadurch ist das Lenkverhalten grundlegend anders als bei einem Auto.

Durch diese Lenkung ist ein Stapler sehr wendig. Er kann aber leichter zur Seite umstürzen als z.B. ein Pkw. Denn ein Stapler hat dadurch, auch mit vier Rädern, im Gegensatz zu einem Pkw nur ein Standsicherheitsdreieck (→ Seite 21).

Dadurch, dass bei Vierradstaplern die Hinterachse in nur einem Punkt pendelnd aufgehängt ist, haben sie trotzdem ein Standsicherheitsdreieck.

Befindet sich der Schwerpunkt dann auch noch weit oben, z.B. weil mit Gabelzinken und Last nicht bodennah gefahren wird, ist die Umsturzgefahr besonders groß (→ Seite 26).

> **Hinweis:** Ein Stapler für z.B. 4 t Traglast kippt genauso leicht wie ein Stapler für z.B. 2 t, denn sie sind gleich gebaut.

Bei einer Kurvenfahrt entsteht zusätzlich eine Fliehkraft, die entgegen der Kurve nach außen wirkt. Es ist wie bei einem Kettenkarussell. Seine Sitze werden durch die Fliehkraft nach außen gedrückt.

Für unseren Stapler gilt:

> *Kurven in großem Bogen und mit mäßiger Geschwindigkeit durchfahren. Nur so halten wir die Fliehkraft klein.*

Die Fliehkraft hat nämlich eine entscheidende Besonderheit: Verdoppelt sich die Fahrgeschwindigkeit, vervierfacht sich die Fliehkraft.

Sicherer Einsatz im Betrieb

Sichtverhältnisse

Gutes Fahren erfordert gutes Sehen. „Geisterfahrer" haben wir schon genug auf unseren Straßen. **Verfahren Sie deshalb Lasten nur so, dass Ihnen die Sicht nicht „verbaut" ist.**

Rundumspiegel

Versperrt die Last die Sicht nach vorn, muss rückwärts gefahren oder mit Einweiser gearbeitet werden (→ Seite 38).

Auch der **Einsatz von Kameras als Hilfsmittel** hat sich bewährt. Diese Hilfsmittel aber bitte nur als solche benutzen – sie entbinden nicht vom Umdrehen.

Die Arbeit erleichtern auch **Rundumspiegel**, die in Hallen und Lagern angebracht sind und dem Fahrer helfen, das Umfeld auszuloten.

Der „**Sichttest**" für den Fahrbetrieb ist z. B. dann „bestanden", wenn der Fahrer

Auch Änderungen der Lichtverhältnisse berücksichtigen – die Augen müssen sich erst darauf einstellen.

über seine zum Transport angehobene Last hinweg, durch sie hindurch oder an ihr vorbei von einer gebückten Person mindestens ihren höchsten Punkt (Kopf / Schulter) in der Höhe von ca. 1,20 m auf eine Entfernung von 2,50 m noch sehen kann. Strengere Vorgaben gelten im öffentlichen Straßenverkehr (→ Seite 59).

1,20 m

2,50 m

Verkehrswege

Es dürfen nur Verkehrswege befahren werden, die ausreichend **tragfähig** sind, also dem Gewicht von Stapler + Last standhalten.

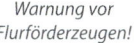

Warnung vor Flurförderzeugen!

Für Flurförderzeuge verboten!

Stapler bis 2 t Tragfähigkeit wiegen etwa das 2-Fache von dem, was sie tragen können.

Beispiel:

Tragfähigkeit 1,5 t → Staplergewicht 3 t
→ max. Gesamtgewicht = 3 t + 1,5 t Last = 4,5 t

Größere Stapler wiegen mind. 2 bis 2,5 t mehr als sie heben können.

Beispiel:

Tragfähigkeit 6 t → Staplergewicht 8,5 t
→ max. Gesamtgewicht = 8,5 t + 6 t Last = 14,5 t

Ein „kleiner" 2 t-Stapler kann den Boden mit einem Vorderrad mit bis zu 2.700 kg belasten – besonders bei der Lastaufnahme. Für eine Bodenabdeckung kann das evtl. schon zu viel sein. Ggf. sind Druckverteilungsplatten zu verwenden!

Verkehrswege müssen gekennzeichnet sein (z. B. mit gelben Linien). Sie dürfen in keinem Fall zugestellt werden.

Die Kennzeichnung des Verkehrsweges zählt dabei auch zum Verkehrsweg und darf nicht zugestellt werden.

Grundsätze für das Befahren von Wegen:

- Nur die von der Betriebsleitung **freigegebenen** Wege, Rampen und dgl. befahren!

- Verkehrswege müssen frei und ausreichend beleuchtet sein. Erforderlichenfalls **Beleuchtung**seinrichtungen benutzen!

- Verkehrswege mit **angepasster Geschwindigkeit** befahren!

- Hierbei den **Sicherheitsabstand** von mindestens 0,50 m zu beiden Seiten des Staplers oder der Last freihalten – zu Personen mindestens 0,75 m!

Die vom Unternehmer erlassenen Verkehrsregeln und Warnhinweise sind zu beachten. Er hat hier ohne Wenn und Aber das Sagen (Direktionsbefugnis).

Verhalten auf Fahrbahnen

Auf unebenem Boden können Stapler leicht aus dem Lot geraten. Paletten können verrutschen und Lastteile herabfallen.

Geländestapler im Einsatz

Vorsicht in der Nähe von Randstreifen oder unbefestigten Böden. Schnell ist ein Rad eingesunken und der Stapler kommt in eine Schieflage. Die Last kann dadurch verrutschen und abgleiten –

der Stapler umstürzen. **Geländestapler kommen damit besser zurecht.**

Auf Fahrbahnen mit seitlicher Neigung Geschwindigkeit drosseln und nicht ruckartig bremsen. Das Gleiche gilt für das Befahren von Rampen, Laderampen, Ladebordwänden oder anderen schrägen Ebenen (→ Seite 40).

Unebenheiten in und auf der Fahrbahn vorsichtig überqueren, am besten meiden. Gleise, Torschienen o. dgl. möglichst schräg und langsam überfahren.

Beginnt ein Stapler zu kippen, ist er nicht mehr aufzuhalten (→ Seite 46).

Verhalten zum Umfeld

Wählen Sie die Fahrgeschwindigkeit stets so, dass Sie eine Gefahrensituation „entschärfen" können.

Bedenken Sie dabei, dass der Anhalteweg (= Reaktionsweg + Bremsweg) auch mit steter Bremsbereitschaft bei 10 km/h noch mindestens 3,50 m lang ist (der Bremsweg ist die Strecke von Bremsbeginn bis zum Stillstand).

Halten Sie auch beim Anfahren **Abstand zu Personen und Gegenständen.** Berücksichtigen Sie hierbei den **Heckausschlag** beim Einlenken: Zu Personen ist mindestens ein Abstand von 75 cm einzuhalten, zu festen Teilen der Umgebung mindestens 50 cm.

Grund: Ein Stapler hat seine Lenkung hinten und seine Räder können 90° einschlagen. Fährt ein Stapler mit voll eingeschlagenen Rädern an, bewegt sich sein Heck fast nur zur Seite, worauf Außenstehende nicht immer vorbereitet sind.

Achten Sie darauf, dass Sie von Personen in Ihrer Nähe bemerkt werden. Diese sind oft in Gedanken und unterschätzen die Gefahr. Notfalls Warnzeichen geben.

Keine Personen unter der Last und nahe des Lastaufnahmemittels dulden.

Besondere Vorsicht ist geboten, wenn es eng zugeht, z. B. auf Verkehrswegen mit Begegnungsverkehr oder in Regalgängen.

Gleiches gilt, wenn viele Personen und Arbeitsmittel an einem Ort gleichzeitig arbeiten. Hier sind Rücksichtnahme und Verständigung angesagt.

Rückwärtsfahrt – Einweiser

Fehlt die Sicht nach vorne, muss rückwärtsgefahren werden. Bereits vor dem ersten Rückwärtsfahren umdrehen!

Hierbei soll die Last (außer bei Sondergut → Seiten 50 f.) nicht über das Profil des Staplers hinausragen, denn der Fahrer kann die Last und den Bereich um sie herum während der Fahrt nicht gleichzeitig „im Auge" behalten.

Häufiges Rückwärtsfahren vermeiden – besonders über lange Strecken! Denn Rückwärtsfahren ist anstrengend und, besonders bei Vibrationen, für die Wirbelsäule schädlich.

Öfter die Schultern lockern! Das beugt Verspannungen vor.

Ein Frontstapler mit Drehsitz oder Drehkabine erleichtert die Steuertätigkeit wesentlich und die Fahrbahn wird dabei besser überblickt.

Vor und während der Fahrt zurückschauen! Dies gilt auch auf kurzen Strecken und beim Ein- und Auslagern von Gütern.

Festhaltegriff benutzen – wenn vorhanden.

Drehkabine auf Schwerlaststapler

Nicht nur den Kopf, sondern auch den Oberkörper mitdrehen. So kann wesentlich mehr von der Fahrbahn gesehen werden.

Rückspiegel befreien nicht vom Umschauen! Erhöhte Aufmerksamkeit ist stets erforderlich.

Das gilt auch beim Einsatz von Kameras oder weiteren technischen Hilfsmitteln, z. B. Rundumspiegel in Hallen (→ Seite 34).

Besteht weder beim Vorwärts- noch Rückwärtsfahren ausreichende Sicht – auch nicht unter Zuhilfenahme von Spiegeln oder Kameras – ist mit **Einweiser** zu fahren.

Vorsicht auch, wenn mehrere Fahrzeuge an gleicher Stelle im Einsatz sind und rückwärts fahren müssen. Das ist eine zusätzliche Gefahrenquelle, z. B. durch die Rückwärtsdrehbewegung der Fahrzeuge zueinander.

Befahren von schrägen Ebenen

Ob Sie bergauf oder bergab fahren, ab einer Steigung von 2 % (knapp über 1°) gilt:

> *Auf schrägen Ebenen Last immer bergseitig führen.*

Dadurch ist die Kippgefahr zum Tal hin geringer und die Last wird an den Gabelrücken gedrückt und gleitet somit nicht ab.

Müssen Sie am Berg parken, legen Sie talseitig, auch bei angezogener Feststellbremse, **Unterlegkeile** vor die Vorderräder. So kann sich der Stapler nicht selbstständig machen.

> *Auf schrägen Ebenen nicht quer fahren, nicht wenden und nicht zu früh oder zu schnell in die Kurve gehen.*

Denn hierbei befände sich die lotrecht wirkende Schwerkraftlinie nicht mehr mittig im Stapler, und schon geringe Fliehkräfte könnten ihn umwerfen (➜ Seiten 33 und 36).

Damit die Bremsen wirkungsvoll bleiben, bei Abwärtsfahrten möglichst mit dem Motor bremsen.

Ohne Last fahren Sie bergauf und bergab vorwärts. Aber Achtung! Kurz vor Ende des Gefälles müssen Sie u. U. die Gabelzinken anheben, damit Sie nicht an der Fahrbahn anstoßen.

So wie hier geschehen.
Durch den Stoß der Zinken in den Boden wurde der Fahrer in der Fahrerkabine umhergeschleudert und dabei schwer verletzt.

Mit Last werden schräge Ebenen vorwärts hoch- und rückwärts heruntergefahren.

Offene Behälter mit **Flüssigkeiten** o. dgl. nicht bis an den Rand befüllen. Sie laufen sonst über, denn ihre Oberfläche bleibt im Behälter waagerecht.

Beim Transport von Flüssigkeiten ist generell zu beachten, dass diese sich „in Bewegung" befinden, vor allem beim Befahren schräger Ebenen. Der Lastschwerpunkt wandert ständig. Das Gleiche gilt für den Transport hängender Lasten. Deshalb äußerst **ruhig und gleichmäßig fahren.**

Befahren von Aufzügen

Aufzüge nur befahren, wenn sie für Ihren Stapler zugelassen sind.

Gewicht von Fahrzeug + ggf. Anbaugerät + Fahrer + Last sowie ausreichender Platz im Aufzug sind besonders zu berücksichtigen.

Im Fahrkorb gilt:

- Den Stapler mit ausreichendem Abstand zu den Seiten und den Aufzugstüren positionieren,

- bei Aufzügen ohne Fahrkorbtüren vorn und hinten einen Abstand von mindestens 100 mm zu den Vorderkanten des Fahrkorbfußbodens einhalten,

- Lastaufnahmemittel absenken,

- Antrieb abschalten,

- Feststellbremse anziehen,

- Anhänger mit Unterlegkeilen vor nicht gelenkten Rädern sichern,

- vom Fahrerplatz absteigen,

- sich im Bereich der Steuereinrichtung des Aufzuges aufhalten.

Aufzugtüren dürfen nicht mit dem Stapler oder der Last aufgestoßen werden, ansonsten drohen Schäden an Stapler, Last oder Aufzug. Zudem besteht Gefahr für Personen, die vor dem Aufzug warten.

Beim Ein- und Ausfahren muss der Fahrer darauf achten, dass sich weder im Aufzug noch in seiner Umgebung Personen aufhalten.

Be- und Entladen von Fahrzeugen

Lkws, Anhänger, Waggons und dgl. müssen gegen Fortrollen gesichert und ausreichend tragfähig sein.

Absprache mit dem Fahrzeugführer ist erforderlich.

Bei Lkws und Anhängern zu treffende Maßnahmen:

- Motor abstellen und Feststellbremse anziehen!
- Unterlegkeile vor nicht lenkbare Räder anlegen, aber nicht vor Liftachsen!
- Anhängerzuggabel in Längsrichtung ausrichten!
- Bei Sattelaufliegern und Wechselaufbauten Stützen sichern – ggf. zusätzlich Platten unterlegen!

Ladebrücken müssen ausreichend aufliegen und tragfähig sein. Sie sind gegen Verrutschen, Abgleiten und Verschieben zu sichern.

Laderäume stets nach Vorgabe des Laderaumherstellers, des Verantwortlichen der Ladetätigkeit sowie des Frachtführers oder seines Fahrers sicher beladen!

Anmerkung: Die Höhe der Lkw-Ladefläche kann sich beim Be- und Entladen verändern. Nachjustieren z. B. der Hubladebühne kann erforderlich sein.

Vorsicht bei Laderampen! Hier ist besondere Aufmerksamkeit geboten, sonst droht Absturzgefahr. Erst wenn der Verantwortliche der Ladetätigkeit oder der Staplerfahrer „grünes Licht" geben, darf der Lkw die Ladestelle verlassen.

Ladeeinheiten aus Fahrzeugen, Anhängern o. dgl. nicht mit am Gabelstapler befestigten Seilen, Hebebändern oder Ketten hervorziehen.

Grund: Verletzungsgefahr durch mögliche Peitschenschläge, z. B. durch Abrutschen eines Seiles von einem Palettenklotz. Zum Heranholen der Ladung an die Ladeflächenkante bspw. Palettenheber, Handhubwagen oder Mitgänger-Flurförderzeug verwenden.

Lkws, Wechselaufbauten oder Ladebordwände sind oft nicht für „schweres Gerät", also Stapler, geeignet. Deshalb wie hier Hubwagen einsetzen.

Arbeiten an Regalen

Das Einlagern in Regale setzt voraus, dass der Geräteführer deren Tragfähigkeit kennt.

Regale niemals überlasten, auch nicht kurzzeitig.

Gabelstapler sind wendig. Dies verdanken sie ihrer Achskonstruktion (→ Seite 20). In Regalgängen deshalb aber dennoch vorsichtig fahren und rangieren.

Der **Heckausschlag** muss einkalkuliert werden. Deshalb müssen z. B. ortsfeste Regale mit einem **Anfahrschutz** an ihren Ecken versehen sein.

Lasten mittig und bündig mit der Regalvorderkante einlagern, sodass zu den dahinterstehenden Gütern ein Abstand von mehr als 10 cm gewahrt

bleibt. Sonst muss zwischen den Regalen eine Durchschiebesicherung eingebaut sein.

Lasten niemals aus Regalen ziehen oder schleifen, auch nicht ruckartig abstellen. Sonst können Last oder Regal beschädigt werden. Deshalb ist auch **rechtwinklig** ans Regal heranzufahren, wenn eingelagert wird oder Lasten aus dem Regal geholt werden – und nicht schräg.

Einen Anstoß des Staplers am Regal sofort dem Vorgesetzten melden – auch wenn kein Schaden sichtbar ist.

Grund:
Einsturzgefahr, auch noch lange nach dem eigentlichen Kontakt. Ein einstürzendes Regal reißt oft noch weitere mit sich, sodass eine Kettenreaktion ausgelöst wird.

Verwendung von Anbaugeräten

Anbaugeräte sind auswechselbare Ausrüstung, die den Einsatzbereich des Gabelstaplers verändern oder erweitern. Statt der Gabelzinken wird dann etwas anderes am Hubmast montiert.

Da es viele verschiedene Anbaugeräte gibt, die alle ihre eigenen Möglichkeiten, aber eben auch ihre eigenen Gefahren mit sich bringen, ist vor dem Einsatz eines neuen Anbaugeräts eine Unterweisung oder Zusatzqualifizierung nötig (→ Seiten 14 f.).

*Nie die **Resttragfähigkeit** des Staplers überschreiten (→ Seiten 23 f.).*

Anbaugeräte haben ein **Eigengewicht** – das muss bei der Bestimmung der Resttragfähigkeit berücksichtigt werden (→ Seite 23). Außerdem **verlängert sich der Lastarm**, da das Anbaugerät am Hubmast / Gabelträgerschild befestigt wird und weiter von der Vorderach-

Kraftschlüssiges Lastaufnahmemittel – drehbare Papierklammer

se entfernt ist als die standardmäßig montierten Gabelzinken. Auch das Vorneigen des Hubmastes z. B. beim Ausleeren einer Schaufel, vergrößert den Lastarm – damit ist die **Tragfähigkeit** noch weiter zu **reduzieren**.

Nur auf den jeweiligen Stapler abgestimmte Anbaugeräte verwenden.

Ausschließlich für das Gerät vorgesehene oder gleichwertige Befestigungsteile, Schrauben, Schläuche o. dgl. verwenden. Auch unter Termindruck nicht zu Notlösungen oder Provisorien greifen.

Für **gefährliche Güter** (➜ Seite 56) **keine kraftschlüssigen Anbaugeräte** einsetzen, welche die Last ausschließlich durch Magnet-, Reib- oder Saugkräfte halten – hier sind nur formschlüssige Anbaugeräte erlaubt. Denn durch Aufsetzen der Last kann eine Zange oder Klammer ihre Haltekraft verlieren und die Last umfallen. Dies kann bei Gefahrgut besonders gefährlich werden.

Schaufeln, Kübel und Greifer gleichmäßig befüllen – damit bleibt der Schwerpunkt mittig.

Anbaugeräte sind nach Gebrauch wieder standsicher zu lagern. Auch sie dürfen kein Hindernis darstellen und nicht auf Verkehrswegen oder gar vor Notausgängen „geparkt" werden.

Dorn z. B. für Stahlcoils oder Teppichrollen

Anbaugerät für den Transport hängender Lasten

Mehrfachpalettengabeln zum Transport mehrerer Paletten gleichzeitig

Retten aus Gefahr

Sich im Augenblick der Gefahr richtig zu verhalten, kann den Unterschied machen zwischen Sach- und Personenschaden.

Haben Sie einen Fehler gemacht und der Gabelstapler kommt ins Schwanken oder gar ins Kippen, gilt: **Ruhe bewahren.**

Sitzen bleiben, festhalten und mit Körperspannung auf den Aufprall vorbereiten ist am sichersten. Das Rückhaltesystem schützt Sie.

Das eingebaute **Rückhaltesystem** ist dafür vom Fahrer vor Fahrtantritt in Schutzstellung zu bringen, also Kabinentür oder Türbügel schließen bzw. Sicherheitsgurt anlegen – auch bei nur kurzer Fahrt.

Der Sicherheitsgurt bleibt während der gesamten Fahrzeit angelegt.

Ein angelegter Beckengurt schützt Gesundheit und Leben – besonders wenn man wie hier keine geschlossene Fahrerkabine hat.

Auch bei geschlossener Fahrerkabine ist das Anlegen des Sicherheitsgurtes sinnvoll. Dies empfehlen auch die Hersteller. Im Falle einer ruckartigen Bewegung wie beim Bremsen oder gar dem Kippen des Staplers könnten Sie sonst durch die Kabine oder an die Frontscheibe geschleudert werden.

Auch auf kurzen Strecken oder an warmen Sommertagen bitte die Kabinentür geschlossen halten, sonst wirkt sie nicht als Rückhaltesystem. Bei geteilten Türen zumindest den unteren Teil geschlossen halten.

Wer hier zur kippenden Seite hin abspringt hat meist verloren!

Springen Sie keinesfalls zu der Seite hin ab, zu der der Stapler kippt – Sie werden sonst zwischen Fahrerschutzdach, Fahrerkabine und Boden eingequetscht. Fachleute haben dafür sogar einen Namen: den **Mausefalleneffekt**, der leider schon oft zum Tod des Fahrers geführt hat. Instinktiv denkt man sogar, man könnte den kippenden Stapler mit Muskelkraft auffangen, doch gegen das große Gewicht des Staplers ist der Mensch machtlos.

Für Notfälle gibt es auch sogenannte Rettungshämmer zum Einschlagen der Heckscheibe.

Sondereinsätze

Unter Sondereinsätzen versteht man Einsätze, für die Sonderwissen nötig ist, um diese sicher durchführen zu können – z. B. Einsätze mit speziellen Anbaugeräten, in speziellen Bereichen (z. B. explosionsgefährdete Betriebsstätten) oder den Umgang mit besonderen Lasten wie Gefahrgut.

Einsatzbesprechungen und Unterweisungen des Personals und der Fahrer sind vor Sondereinsätzen unabdingbar. Nur dies gewährleistet einen reibungslosen und störungs- bzw. unfallfreien Arbeitsablauf.

Die vorherige Zustimmung des Vorgesetzten / der Einsatzleitung ist immer erforderlich, denn zusätzliche Sicherheitsvorgaben können notwendig sein.

Zudem gilt:

- **Betriebsanweisung beachten.**
  Erst lesen, dann arbeiten!

- Bei **speziellen Anbaugeräten**:
  vorherige Unterweisung / Zusatzqualifizierung nötig.

- **Einweiser anfordern.**
  Vier Augen sehen mehr!

- **Einsatzprüfung durchführen.**
  Sicher ist sicher!

- **Umgebung beobachten.**
  Überblick macht sicherer!

- **Neugierige fernhalten.**
  Sie bringen sich sonst auch selbst in Gefahr!

Beifahrer

Stapler sind Einpersonenfahrzeuge!

Ist der Stapler nicht speziell mit einem Zusatzsitz ausgestattet, darf nicht mitgefahren werden. Das gilt auch für Mitfahrten auf den Gabelzinken, Paletten oder in Gitterboxen.

Das Verweigern der Mitfahrt hat nichts mit Unkollegialität zu tun, sondern ist gelebte Arbeitssicherheit.

> **Mitfahren auf der Auftrittsstufe ist verboten!**

Käme es hier zum Unfall, wäre der **Fahrzeugführer in der Haftung**. Eine Entschuldigung für das Gestatten zum Mitfahren gibt es nicht.

Mit Verständnis darf der Fahrer für sein Verhalten auch vor Gericht oder bei Versicherungen nicht rechnen.

Heben von Personen

Das eigentlich zum Heben von Personen vorgesehene Arbeitsmittel ist eine **Hubarbeitsbühne**. Ist eine solche verfügbar, sollte sie immer vorrangig verwendet werden.

Unter bestimmten Voraussetzungen dürfen ausnahmsweise auch mit Gabelstaplern Personen gehoben werden, wenn

Scheren-Hubarbeitsbühne

ein entsprechend dafür vorgesehener Arbeitskorb / eine Arbeitsbühne verwendet wird.

> *Heben von Personen in einer Gitterbox oder auf einer Leerpalette ist strengstens verboten!*

Für den Bühneneinsatz sind folgende Vorgaben zu beachten:

- Die **Tragfähigkeit des Staplers** muss mind. 5-mal so groß sein wie das Gesamtgewicht des Arbeitskorbs (inkl. Personen und Zuladung).

- Arbeitskorb gemäß Betriebsanleitung arretieren und vor dem Einsatz einer Sichtprüfung unterziehen!

- Hubmast so einstellen, dass die Bühne dauerhaft waagerecht steht!

- Stapler mit hochgehobener Arbeitsbühne nur zur Feinpositionierung verfahren!

- Vor Arbeitsbeginn auf der Bühne Fahrantrieb abschalten und **Feststellbremse** anziehen!

- Stets auf eine gute **Verständigung** zwischen Fahrer und Person in der Bühne achten!

- Im Einsatz den **Fahrerplatz nicht verlassen!**

- Mitfahren in der Arbeitsbühne nur bodennah, in Schrittgeschwindigkeit und unter Benutzung des Haltegriffes!

- Während des gesamten Einsatzes die **Umwehrung geschlossen halten.** Angehobenen Arbeitskorb nicht verlassen.

- Spezielle Betriebsanweisung für den Einsatz einer Arbeitsbühne an einem Flurförderzeug einhalten.

- Wenn die Betriebsanleitung oder -anweisung es vorschreibt, ist **Sicherheitsgeschirr** zu tragen.

Transport von Sondergut

Jeder Transport von Sondergut erfordert eine besondere Planung mit oft umfangreichen Sicherheitsmaßnahmen.

So ist er fachgerecht zu lösen:

- Lastgewicht und Lage des Lastschwerpunktes feststellen, Lastarm messen!

- Zulässige Belastung des Staplers anhand des Tragfähigkeitsdiagramms / der Lasttabelle ermitteln! Stapler nie überladen!

- Bei hohen oder kopflastigen Gütern vorher Stapler- und ggf. Ladegutersteller zu Rate ziehen und Last sichern!

- Tragfähigkeit nicht voll ausnutzen (→ Seiten 22 ff.)!

- Last sicher aufnehmen! Gabelschuhe oder spezielle Anbaugeräte können hilfreich sein!

- Nur geeignete Verkehrswege befahren! Tragfähigkeit, Breite und Höhe vorher überprüfen!

- Bei Einschränkung der Sicherheitsabstände bzw. Sichtverhältnisse mit **Einweiser oder Hilfsmitteln** wie Kameras arbeiten (→ Seite 39).

Personen dürfen sich insbesondere nicht in der Fahrspur und vor der Last aufhalten!

Zudem gilt:

- Nie Provisorien oder gar Personen als Gegengewichte einsetzen!

- Beim Absetzen der Last auf Personen achten und sie nicht unter der Last dulden!

- Keine Zuschauer! Beim Sport sind sie erwünscht. Bei unserer Arbeit müssen wir sie fernhalten.

Zwillingsarbeit / Tandemhub

Manche Transportaufgaben können auch durch den Einsatz von mehreren Staplern gelöst werden.

Hierbei ist wie folgt zu verfahren:

- Für den Transportablauf ist ein **Koordinator** erforderlich. Er muss den Staplerfahrern namentlich bekannt sein. Eine einwandfreie Verständigung zwischen ihm und den Fahrern muss gegeben sein und vor Tätigkeitsaufnahme getestet werden. Er ist für den reibungslosen Ablauf zuständig und trägt dafür die Verantwortung.

- Die Last darf sich nicht durchbiegen, sonst kann sie abrutschen.

- **Jeder Stapler sollte bezogen auf den Lastarm mindestens 2/3 des Lastgewichts tragen können.** Sonst können die Stapler u. a. eine Asymmetrie der Last nicht sicher abfangen.

- **Ausgeprägtes Kurvenfahren ist zu vermeiden** oder es sind auf den Gabelzinken befestigte Drehgestelle einzusetzen.

Heben eines Busses mit mehreren Staplern – hier ist absolut paralleles Arbeiten und Koordination angesagt.

Sonst kann die Last leicht von den Gabelzinken abgleiten.

- Mit dem Gabelstapler stets in der gleichen Spur und auf gleicher Hubhöhe wie der Kollege bleiben.

Dieser Transport muss vorher gemeinsam geübt werden, denn nur ein eingespieltes Team garantiert einen sicheren Transport.

Anhängerbetrieb

Werden ständig Anhänger verzogen, ist ein Wagen oder Schlepper meist das richtige Gerät. Allerdings können auch Frontstapler Anhänger verziehen.

Der Wagen ist genau hierfür gebaut.

Was ein Stapler vorne tragen kann, kann er hinten auch sicher ziehen. Das ist der Grundsatz, solange der Hersteller nicht etwas anderes vorgibt (Betriebsanleitung).

Auch höhere Anhängegewichte sind möglich, z. B. durch bauartbedingte Reduzierung der Höchstgeschwindigkeit oder mit Spezialbremse für den Anhänger. Das hat aber nur in Absprache mit dem Hersteller zu erfolgen.

Auf Anhängern muss die **Ladung gegen Verrutschen und Kippen gesichert** werden. Für eine optimale Achslastverteilung sind die Lasten mittig und gleichmäßig auf dem Anhänger zu verteilen.

Sicheres Verziehen:

- Anhänger nur mit dafür vorgesehenen und ordnungsgemäß angebrachten Kupplungen verziehen!

- Den Sicherheitsabstand von ≥ 0,50 m zu beiden Seiten der Anhänger / Last auch in Kurven stets einhalten oder mit Einweiser verziehen!

- Durchfahren Sie Kurven in großem Bogen, besonders bei Anhängern mit Zweiradlenkung, denn diese Anhänger ziehen nach innen!

- Maximale Anhängelast nie überschreiten!

Sicheres Abstellen:

- Nicht auf Verkehrswegen, nie vor Notausgängen; besteht Anfahrgefahr, dann bei Dunkelheit beleuchten.

- Gegen Fortrollen sichern (durch Anziehen der Bremse, Anlegen von Unterlegkeilen oder rückwärts gegen einen Bordstein setzen), insbesondere auf schrägen Ebenen.

Zuggabel möglichst immer hochstellen und gegen Herabfallen sichern.

Verschieben von Waggons

Waggons sind schwerer zum Halten zu bringen, als in Bewegung zu setzen. Sie reißen u. U. alles mit, was an ihnen befestigt ist. Grund: Die Rollreibung ist 100-mal kleiner als die Haftreibung im Stillstand der Waggons.

Deshalb sind besondere Vorkehrungen zu treffen. Soll bspw. ein Stapler den Waggon mittels eines Zugseiles bewegen, muss er mit einer Spezialkupplung versehen sein. Mit dieser sog. **Slipkupplung** kann der Fahrer das eingehängte Seil im Gefahrfall vom Fahrerplatz aus lösen (z. B. wenn der Waggon droht, den Stapler unkontrolliert umzureißen).

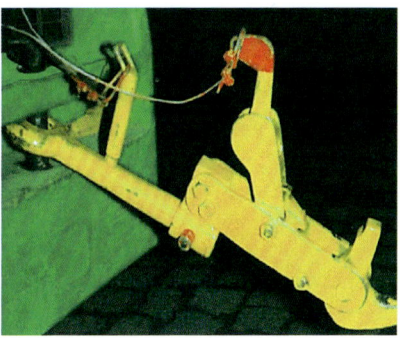

Verziehen durch spezielle Kupplung

Verziehen durch Zugseil und Sliphaken

So wird sicher bewegt:

- Verschiebevorgang, außer mit Fernbedienung, nur mit Rangierer durchführen!

- Keine dritten Personen in und auf den Waggons sowie im Verziehbereich dulden!

- Waggons kuppeln!

- Haltepunkt gewährleisten, z. B. durch Hemmschuhe!

- Waggons nur im Schritttempo bewegen!

- Rangierer erst zwischen die Waggons treten lassen, wenn diese stillstehen!

Streng verboten ist das Schieben von Waggons mit den Gabelzinken eines Staplers oder mit anderen Lastaufnahmemitteln – auch Schiebevorrichtungen, die von Hand gehalten oder geführt werden müssen, wie Stangen oder Balken. Sie können abrutschen oder unkontrolliert „wegschießen".

Auch das Ziehen oder Drücken mit dem Hubmast ist nicht erlaubt – nur mit einem dafür konstruierten Zusatzgerät, z. B. am Gabelträger befestigt.

Deshalb nur mit bestimmungsgemäß dafür vorgesehenen Vorrichtungen, z.B. speziellen Kupplungen, verschieben.

> **Hinweis:** Waggons dürfen nur mit dem Stapler selbst abgebremst werden, wenn der Hersteller dies erlaubt oder vorher in Berechnungen / Fahrversuchen eine ausreichende Bremsleistung ermittelt wurde.

Transport von hängenden Lasten

Zum Transport hängender Lasten sollten **spezielle Lastaufnahmemittel** verwendet werden, die ein **Pendeln verhindern** oder möglichst klein halten, z. B. Traversen; denn durch Pendeln ändern sich der Lastarm (er wird verlängert) und häufig auch die Mittigkeit des Transportes – dieser wird außermittig (→ Seite 24).

Auf einen tiefen Schwerpunkt der Last achten (denn hier greifen die physikalischen Kräfte an).

Das Führen von hängenden Lasten nur mit entsprechenden Hilfsmitteln zulassen. Der Helfer muss hierbei seitlich neben der Last gehen. Er muss sich immer im Sichtbereich des Fahrers und außerhalb der Fahrspur befinden – ansonsten anhalten!

Beim Anschlagen gilt:

- Resttragfähigkeit des Staplers beachten (→ Seite 23)!

- Lastaufnahme- und Anschlagmittel sachgerecht auswählen und anbringen. Anschlagart und Neigungswinkel beachten!

- Neigungswinkel von 60° niemals überschreiten!

- Tragfähigkeit des Anschlagmittels berücksichtigen (s. Traglastanhänger oder -etikett) und nicht voll ausnutzen – Transportstöße werden so besser vertragen!

- Ketten, Seile und Hebebänder nicht über scharfe Kanten (z. B. über die Gabelzinken) ziehen, Kantenschoner oder Ketten der höheren Belastungsstufe verwenden!

- Voraussetzung für Anschläger von Lasten:
  - 18 Jahre alt
  - geeignet
  - qualifiziert / ausgebildet (DGUV Regel 109-017)
  - schriftliche Beauftragung

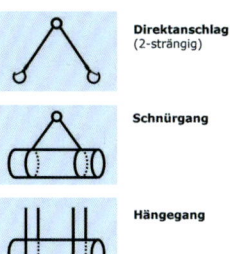

Direktanschlag (2-strängig)

Schnürgang

Hängegang

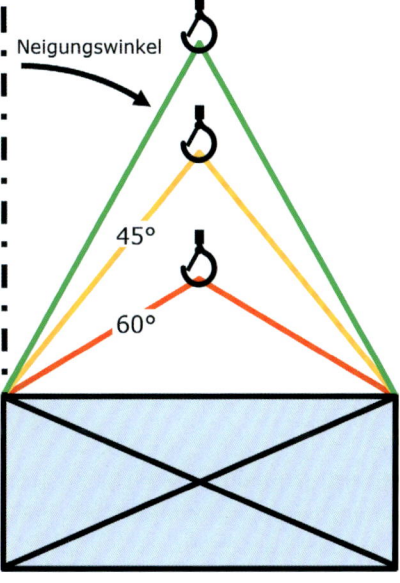

Neigungswinkel

45°

60°

Fachausweis für Anschläger von Lasten im Hebezeugbetrieb

Beim Verfahren gilt:

- Nicht ruckartig anfahren und bremsen!

- Bodenunebenheiten vermeiden. Ist das nicht möglich, vorsichtig überfahren!

- **An Personen möglichst mit erweitertem Sicherheitsabstand vorbeifahren** – 0,75 m sollten nicht unterschritten werden, denn die Last könnte trotz aller Umsicht pendeln.

Umgang mit gefährlichen Gütern und Stoffen

Der sichere Umgang mit gefährlichen Gütern erfordert vom Fahrer ein spezielles Wissen, denn diese Güter / Stoffe können **gesundheitsschädlich**, z. B. ätzend und giftig oder brennbar und explosiv sein.

Deshalb muss der Fahrer hier speziell und **gesondert unterwiesen** sein (s. GefStoffV).

Transportbehälter, die solche Stoffe enthalten, müssen entsprechend gekennzeichnet sein.

Ätzend   *Giftig*   *Umwelt-gefährlich*

Gefahrgutzettelangaben, das Label, die Sicherheitskennzeichnung und spezielle Lagervorschriften beachten! Fehlen sie oder sind sie unleserlich, ist der Vorgesetzte sofort zu unterrichten und seine Anweisungen sind abzuwarten.

Beim Umgang mit diesen Stoffen können schon kleine Fehler zu folgenschweren Unfällen führen, die oft auch die Umwelt in Mitleidenschaft ziehen. Nach Betriebsanweisung zu handeln, ist oberstes Gebot.

Ist Gefahrstoff aus der Verpackung ausgetreten:

* Fahrzeug stillsetzen!
* Gefahrenbereich absichern!
* Sich aus dem Gefahrenbereich entfernen!
* Aufsichtsführenden unterrichten!
* Bei Sofortmaßnahmen ist persönliche Schutzausrüstung zu tragen. Erforderliche Hilfsmittel benutzen!

Mit Gefahrgut **verunreinigte Kleidungsstücke**, von denen Unfall- oder Gesundheitsgefahren ausgehen können, sind schnellstens abzulegen und **sachgerecht zu entsorgen!** Staub nicht abklopfen!

Feuer- und explosions-gefährdete Bereiche

Von Fahrzeug und Fahrer dürfen keine Brandgefahren ausgehen. Schon heiße Auspuffgase oder eine glühende Zigarette können einen Brand verursachen. Darum z. B. von Papier und Pappe mindestens 0,50 m Abstand halten – besser mehr!

mindestens
0,50 m

In allen Bereichen ist die Sicherheits-kennzeichnung am Arbeitsplatz zu beachten!

In Ex-Bereichen:

- Spezielle Betriebsanweisung beachten!
- Nur nach entsprechender Unterweisung und Beauftragung befahren!
- Nur von der Betriebsleitung zugelassene Stapler einsetzen!

Diese Stapler sind in der Regel mit Ex-Schutz, funkenarmen Gabelzinken und antistatisch wirkenden Reifen ausgerüstet. Nur hierfür zugelassene Anbaugeräte verwenden.

Sicherheitsschuhe tragen, die antistatisch wirken. Reifen und Sicherheitsschuhe öl- und fettfrei halten, sonst können sie ihre antistatische Schutzwirkung verlieren.

Nur wenn sichergestellt ist, dass während des Staplereinsatzes keine explosionsfähige Atmosphäre vorhanden ist bzw. entstehen kann, können auch nicht ex-geschützte Stapler den Bereich befahren, wobei deren Einsatz von der Betriebsleitung schriftlich geregelt sein muss.

Keine Schlagfunken erzeugen, z. B. durch Anstoßen des Staplers oder des Lastaufnahmemittels an Regalen o. dgl.

CAT. 2G

Funkenarme Gabelzinken

Warnung vor explosionsfähiger Atmosphäre

EX

Warnung vor feuergefährlichen Stoffen

Rauchen verboten

Keine offene Flamme, Feuer, offene Zündquelle

Einsatz auf öffentlichen Straßen und Wegen

Rechtliches

Will man mit dem Stapler das Betriebsgelände verlassen, muss er der StVZO und der FZV entsprechen.

Ab einer bauartbedingten Fahrgeschwindigkeit von mehr als 6 km/h benötigt er hierfür eine **Einzelbetriebserlaubnis** der Straßenverkehrszulassungsbehörde. Dies gilt auch für kurze Strecken, z. B. zum Überqueren des Bürgersteiges. Es sei denn, der Verkehrsbereich ist gemäß amtlicher Genehmigung **temporär abgesperrt**.

Auch für Parkplätze (z. B. von Baumärkten), Ladestraßen auf Firmengeländen u. dgl. ist eine Betriebserlaubnis erforderlich. Eine temporäre Absperrung wäre hier nicht genehmigungspflichtig, da es sich um private Grundstücke handelt.

Stapler sind wie auch selbstfahrende Arbeitsmaschinen bis 20 km/h von der **Zulassungs- und Versicherungspflicht** befreit. Von 6 – 20 km/h bauartbedingter Geschwindigkeit müssen Höchstgeschwindigkeit mit einem Zeichen 20 gekennzeichnet sein (links, rechts und hinten) und die Halterdaten am Fahrzeug angegeben sein. Über 20 km/h muss der Stapler zugelassen (mit amtlichem **Kennzeichen**) und versichert werden wie ein Pkw.

Halterdaten (mind. auf der linken Fahrzeugseite) und Geschwindigkeitsschild vorhanden

Zuletzt wird auch wegen der nicht ausreichenden Sicht nach vorne durch den Hubmast eine **Ausnahmegenehmi-**

Sichern Sie Gabelzinken, Dorn, u. dgl. Sie stellen sonst eine erhebliche Gefahrenquelle dar.

gung benötigt, die häufig mit Auflagen versehen ist, wie Geschwindigkeitsreduzierung.

Höchst-geschwindigkeit	Führerscheinklasse
0 – 6 km/h	Ohne
6 – 25 km/h	L
> 25 km/h	B, C1 oder C

Für das Steuern eines Staplers mit mehr als 6 km/h ist der Besitz eines gültigen **Kfz-Führerscheins** notwendig. Bis 25 km/h genügt der „L"-Führerschein. Der „B"-Führerschein schließt z. B. den „L"-Führerschein ein.

> **Hinweis:** Ein Kfz-Führerschein ersetzt nicht den Fahrausweis (Staplerschein). Auch wenn der L-Führerschein bereits mit 16 Jahren gemacht werden kann, gilt für das selbstständige Führen eines Flurförderzeugs weiterhin das Mindestalter von 18 Jahren.

Ein Bereich gilt als öffentlich, wenn jedermann Zutritt hat und dies auch tatsächlich so wahrgenommen wird. Durch Schranke und Pförtner zur Einlasskontrolle wird dieses Betriebsgelände nicht-öffentlich.

Auch für den Staplerfahrer gilt die **Straßenverkehrsordnung** (StVO).

Alle nötigen Unterlagen sind mitzuführen: Betriebserlaubnis, ggf. Zulassungs- und Versicherungspapiere, Führerschein und Fahrausweis sowie Ausnahmegenehmigung.

Der Stapler muss im öffentlichen Verkehrsraum mit **StVZO-Ausrüstung** ausgestattet sein: Lichtanlage (Scheinwerfer, Rücklicht, Blinker etc.), Verbandskasten usw.

Verhalten

Der Fahrer muss die besonderen Gegebenheiten berücksichtigen:

- Er muss sich auf **andere Verkehrsabläufe** als im Betrieb einstellen. Es wird mit höheren Geschwindigkeiten gefahren (lange Anhaltewege, → Seite 37).

- **Fußgänger** sind oft in Gedanken und laufen direkt vor / hinter dem Stapler vorbei.

- Er hat besonders auf **Kinder** zu achten. Sie sind kleiner als Erwachsene. Deshalb müssen strengere Vorgaben hinsichtlich der Sicht gelten (60 cm Höhe anstatt 1,20 m, → Seite 34).

- Die **Sicht** über die Last hinweg muss ausreichend gegeben sein.

- Es ist besonders **defensiv** zu fahren und Abstand zu halten. Außenstehende kennen den Heckausschlag des Staplers nicht. Das Gebot gegenseitiger Rücksichtnahme muss umso mehr Maßstab Ihres Handelns sein.

Betrieb von Sonderbauarten

Spezielle Maschinen erfordern spezielle Qualifizierungen (Stufe 2, ➜ Seite 15) **und Unterweisungen,** da ihr Betrieb meist mit besonderen zusätzlichen Gefährdungen verbunden ist.

Seitenstapler / Querstapler

Bei Seitenstaplern (auch Querstapler oder Quergabelstapler genannt) ist der Hubmast nicht vor, sondern neben dem Fahrer angeordnet. Die Gabelzinken sind dabei rechtwinklig zur Fahrtrichtung. Die **Sitzrichtung** ist entweder in Fahrtrichtung oder quer zur Fahrtrichtung mit Blick auf den Hubmast.

Querstapler

Zur **Lastaufnahme** wird der Mast zur Seite geschoben (Schubmast), wodurch die Last frei tragend aufgenommen wird. In diesem Rüstzustand arbeitet der Querstapler nach dem Hebelgesetz – so wie auch ein Frontstapler.

Zum **Transport der Last** wird der Hubmast wieder eingefahren, wodurch sich der Lastschwerpunkt anders als beim Frontstapler innerhalb der Standfläche befindet. Zusätzlich wird entweder der Hubmast oder der ganze Fahrzeugrahmen geneigt, damit die Last nicht zur Seite hin abgleitet.

Eine Plattform dient dazu, das Langgut zu stabilisieren. Sie sollte nicht verwendet werden, um lose Teile zu transportieren und darf auf keinen Fall zum Personentransport zweckentfremdet werden.

Bei Geräten mit **Vierwege-Lenkung** lassen sich alle vier Räder einschlagen, um so auch seitlich verfahren zu können.

Containerstapler und Reach Stacker

Diese Geräte werden hauptsächlich zum Containerhandling eingesetzt, ausgerüstet mit einem speziellen Lastaufnahmemittel, dem **Spreader.** Dieser ist entweder genau auf die Maße

Reach Stacker (links) und Containerstapler (rechts)

eines Containers abgestimmt oder in der Breite verstellbar, um verschiedene Containergrößen (20 Fuß, 40 Fuß) aufnehmen zu können. Er wird seitlich oder von oben an den Container angesetzt.

Um die Container sicher zu transportieren werden sogenannte **Twistlocks** in die Eckbeschläge des Containers eingeführt und verriegelt. Ein Container darf erst angehoben werden, wenn sich der Fahrer versichert hat, dass die Twistlocks verriegelt sind.

Dadurch, dass Container beim bodennahen Transport stets die Sicht versperren würden und dauerhafte Rückwärtsfahrt ungesund ist, sind diese Geräte bereits herstellerseits so gebaut, dass

sie **bestimmungsgemäß mit angehobener Last fahren** dürfen. Dennoch gilt: Last nur so hoch wie nötig, also gerade so hoch, dass man bequem unter ihr durchschauen kann.

Der **Reach Stacker** hat keinen Hubmast, sondern einen Teleskoparm, mit dem große Reichweiten nach vorne möglich sind. Dadurch können auch weiter entfernte Lasten aufgenommen werden, z. B. Container in zweiter Reihe oder auf einem zweiten Gleis. Je weiter der Teleskoparm ausgefahren ist, desto größer ist der Lastarm (➜ Seite 22) und damit auch die Kippgefahr nach vorne. Die Tragfähigkeit nimmt dann drastisch ab. Zur Stabilisierung haben manche Modelle zusätzliche Abstützungen zwischen den Vorderrädern.

Boxenstopp

Betanken

Vor dem Tankvorgang Fahrzeug **sicher abstellen und Motor ausschalten.**

Beim Tanken, z. B. von Diesel sowie beim Gasflaschenwechsel nicht rauchen und keine Funken erzeugen. Kraftstoff nicht auf heiße Flächen oder in den Motorraum fließen lassen.

Die Temperaturen (an einer glühenden Zigarette von bis zu 770 °C, bei Schalt-, Schleif- und Schlagfunken von bis zu 1 000 °C) genügen, ein Kraftstoffluftgemisch zu zünden.

Ausgelaufenen oder verschütteten Treibstoff beseitigen bzw. mit Bindemittel versehen und entsorgen bzw. dies veranlassen. Bei Kontakt von Treibstoff mit dem Körper, z. B. auf der Haut, sofort abwaschen. Mit Treibstoff getränkte Kleidung sofort wechseln.

Flüssiggasflaschen grundsätzlich nicht unter Erdgleiche (tiefer als 1 m) und im Umkreis von 3 m zu Kelleröffnungen und -zugängen, Gruben, Schächten u. dgl. wechseln oder abstellen.

Gründe: Flüssiggas ist viel schwerer als Luft und „fließt" wie Wasser in tiefergelegene Räume. Außerdem dehnt es sich außerhalb der Flasche / des Tanks

gasförmig sofort um bis das 260-Fache aus. Randzonen von „Treibstoffwolken" sind immer explosibel.

Vor dem **Flaschenwechsel** Ventile der leeren Flaschen schließen und die Gasleitungen zum Motor im Leerlauf leerfahren.

Bei Gasaustritt in den Motorraum das Fahrzeug nicht starten. Den Motorraum sowie die Umgebung des Fahrzeuges im Umkreis von 3 m verstärkt entlüften.

Arbeiten Sie exakt nach der Betriebsanweisung, z. B. Einsatz spezieller PSA wie Augen- oder Gesichtsschutz oder säure- und laugenbeständige Schutzhandschuhe.

Umgang mit Batterien

Auch die Batterie / der Akku will gepflegt und gewartet werden, denn ohne sie kann ein Elektro-Stapler nicht fahren.

Vor Fahrtantritt im Rahmen der täglichen Sicht- / Funktionsprüfung sind auch die **Batterie und ihre Anschlüsse auf Beschädigungen oder Verschmutzungen zu überprüfen**. Auf eine trockene und saubere Batterieoberfläche achten.

Vor dem Batterieladen den **Batteriestecker herausziehen**, damit kein Strom zum Fahrzeug fließen kann.

Beim Ladevorgang von Blei-Säure-Batterien entstehen Gase. Deshalb ist der **Ladebereich** immer ausreichend zu **belüften**, damit diese abziehen können.

Im Ladebereich herrscht Explosions- und Brandgefahr, also absolutes **Rauchverbot** (➜ Seite 57)! Auch andere Zündquellen wie elektrische Geräte, Maschinen oder Schaltanlagen haben dort nichts zu suchen.

Das Batteriewasser sollte erst nach dem Laden aufgefüllt werden. Ansonsten kann das Wasser durch die Hitzeentwicklung beim Laden überkochen.

Keine Gegenstände (insbesondere aus Metall) auf die Batterie legen – Gefahr eines Kurzschlusses.

Muss das Laden vorzeitig abgebrochen werden, erst am Ladegerät den Ladevorgang beenden, bevor der Batteriestecker gezogen wird. Bei **Lithium-Ionen-Batterien** ist Zwischenladen kein Problem mehr.

Auf saubere Anschlüsse achten.

Ausgetretene Batterieflüssigkeit – unbedingt Kontakt mit Körper oder Kleidung vermeiden und Mangel melden!

Reparaturen an Batterien oder Ladege-
räten dürfen nur durch dazu **beauf-
tragte Elektro-Fachleute** vorgenom-
men werden. Melden Sie Schäden sofort
Ihrem Vorgesetzten, es könnte sonst zu
spät sein.

Benutzen Sie zum Ausbau von Batteri-
en dafür vorgesehene Hilfsmittel / Batteriewechselvorrichtungen.

**Handeln Sie genau nach Betriebsan-
leitung und -anweisung, z. B. was die
PSA angeht (→ Seite 17)!**

> **Hinweis:** Elektromagnetische Felder,
> z. B. von Hochfrequenzbatterieladege-
> räten, können u. U. für Personen mit
> Herzschrittmachern, Implantaten oder
> metallischem Körperschmuck gefährlich
> sein.

**Deshalb: Sicherheitskennzeichnung
beachten!**

*Nur von befähigten Personen / Sachkundigen
regelmäßig geprüfte Ladegeräte einsetzen.*

*Geeignete Batteriewechselvorrichtungen oder
-geräte einsetzen.*

*Verbot für Personen
mit Herzschrittmachern
oder implantierten
Defibrillatoren*

*Verbot für
Personen mit
Implantaten
aus Metall*

Nach der Arbeit

Gabelstapler sicher parken

Beim Verlassen des Staplers kann man zwischen kurzzeitigem Verlassen und dem Parken unterscheiden.

Beim **Parken** (z. B. vor einem Gang ins Büro oder bei Feierabend) ist Folgendes zu beachten:

- Nur auf ausreichend belastbaren Stellen parken! Besonders bei Gitterrosten, Abdeckungen von Bodenöffnungen und nahe Böschungen Acht geben!
- Keine Verkehrswege, Notausgänge, Schalt- und Feuerlöscheinrichtungen verstellen!
- Von heißen Oberflächen, z. B. Heißluftgebläsen, ≥ 1,5 m Abstand halten. Mit Gasantrieb zusätzlich in ≥ 3 m Entfernung von Fußbodenöffnungen, Kellertreppen u. dgl. parken (→ Seite 62)!
- Entnahmeventil an Gasbehältern schließen!

- Lastaufnahmemittel in tiefste Stellung absenken (Gabelspitzen möglichst bis auf den Boden)!
- Steuereinrichtungen auf Leerlauf / Null und Lenkräder geradeaus stellen!
- Feststellbremse anziehen!
- Am Berg talseitig einen Unterlegkeil hinter ein Vorderrad anlegen!
- Besteht bei Dunkelheit Anfahrgefahr, Stapler beleuchten!
- Den Schalt- / Zündschlüssel sicher verwahren / Computer ausschalten!

Auch bei **kurzzeitigem Verlassen** des Staplers ist immer die **Feststellbremse** anzuziehen. Der Aufenthalt in unmittelbarer Nähe des Staplers (Einflussbereich) muss hierbei jedoch gegeben sein, sodass der Fahrer bei Störungen oder dem Versuch einer unbefugten Benutzung unverzüglich eingreifen kann!

Auch vor Gesprächen vom Fahrerplatz aus sicherheitshalber die Feststellbremse betätigen.

Vorbildlich geparkter Gabelstapler

Stapler kurzzeitig verlassen und Handbremse vergessen.

Pflege / Instandhaltung / Regelmäßige Prüfung

Ein gepflegter und gereinigter Gabelstapler hält länger, geht nicht so oft ka-
putt und die Arbeit mit ihm ist sicherer
und macht zudem mehr Freude.

Dieser Stapler könnte mal eine Reinigung vertragen.

Dazu kann jeder beitragen, z. B. durch
Sauberhalten der Fahrerkabine oder
anderer Komponenten des Staplers.

Instandhaltungsarbeiten dürfen Sie
nur dann ausführen, wenn Sie dazu

- **befähigt** und
- vom Unternehmer dazu **beauftragt** sind.

*Richtige Pflege – hier mit Hochdruckreiniger –
verlängert das Leben der Maschine.*

„Kleine" Arbeiten sollten Sie alleine
durchführen dürfen (z. B. das Anziehen
einer Gabelzinkenabsicherung) – aber
lieber vorher mit Ihrem Vorgesetzten
abklären, ob das in Ordnung ist. Größere Reparaturarbeiten dürfen Sie nie
ohne Absprache vornehmen.

Auch sollten Sie als Fahrer darauf achten, dass die laut Hersteller vorgege-
benen **Wartungstermine** eingehal-
ten werden (z. B. nach entsprechender
Betriebsstundenzahl). Es dient Ihrer
Sicherheit, dass die Maschine in Ordnung ist und verschlissene oder defekte
Teile ausgetauscht werden. Damit dies
schnell geschieht, ist es wichtig, dass
Sie auftretende Mängel unverzüglich
melden.

Ebenso müssen Ihr Stapler und seine
Anbaugeräte **regelmäßig durch eine
zur Prüfung befähigte Person (= Sach-
kundiger) geprüft** werden. Dies wird
mit einer Prüfplakette, die am Fahrzeug angebracht wird, dokumentiert.

> **Hinweis:** Eine Plakette zeigt nur, dass
> das Gerät geprüft und wann der nächs-
> te Prüftermin ist, aber nicht zwingend,
> dass es mangelfrei ist. Dazu dient das
> Prüfprotokoll, das ebenfalls nur eine
> Momentaufnahme ist. Deshalb ist es
> sinnvoll, dass sich zumindest eine Kopie
> des letzten Prüfberichts am Fahrzeug
> befindet, z.B. bei der Betriebsanleitung.

Wenn Hersteller oder Unternehmer /
Betreiber nichts Strengeres vorgeben,
muss diese ausführliche Prüfung alle 12
Monate durchgeführt werden. Ihre täg-
liche Einsatzprüfung müssen Sie trotzdem immer machen.

Der Profi kennt sich aus

Verantwortung und Haftung

Fahrlässigkeit			**Vorsatz**
leicht	**mittel**	**grob**	**billigend in Kauf nehmen**
„Das kann jedem mal passieren."	*„Er hätte eben anders handeln müssen."*	*„Wie konnte er nur, das lag doch auf der Hand!"*	*„Sei's drum, ich mach das – die Folgen sind mir egal."*

Der Gabelstaplerfahrer hat die „**Schlüsselgewalt**" über den Stapler, seine Last und seine Anhänger. Auch das Unterschätzen einer Gefahr, gutmütiges Handeln oder Ausführung eines vorschriftswidrigen Auftrages schützt im Schadensfall nicht vor Strafe.

Unwissenheit und Ausreden vor Gericht helfen wenig! Betriebsunfälle werden von den Gerichten nicht als „Kavaliersdelikte" angesehen.

Nur sorgfältiges Handeln schützt uns vor Rechtsfolgen. Flurförderzeuge und insbesondere Stapler gelten als „gefährliche" Arbeitsmittel. Dies müssen Sie immer im Hinterkopf haben und auch Ihren Kollegen im Betrieb klar machen. **Jeder ist für sein Handeln verantwortlich.**

Der Fahrer muss alles tun, damit die Gefahren, die von seinem Handeln für ihn und das Umfeld ausgehen, so gering wie möglich sind.

Er ist in erster Linie für das sichere Steuern des Gabelstaplers verantwortlich – vom Fahrtantritt bis zum Abstellen des Geräts.

Die Teilnahme an **regelmäßigen Unterweisungen** ist Pflicht. Sie muss dokumentiert werden. Eine Nichtteilnahme kann den Verlust des Fahrauftrages zur Folge haben, ebenfalls mehr als ein Jahr fehlende Fahrpraxis.

Wer sich nicht informiert, die Vorschriften, Betriebsanleitungen sowie Betriebsanweisungen nicht beachtet, handelt fahrlässig und kann sich einer Haftung von vielen Seiten her ausgesetzt sehen. Die Staatsanwaltschaft, Gerichte und Versicherungen verlangen von Ihnen als sorgfältig handelndem Staplerfahrer die **Kenntnis und Anwendung der für Sie geltenden Regeln und Vorschriften.** „Halbe Sachen" i. S. des Arbeitsschutzes gibt es nicht und darf es nicht geben. Ansonsten müssen Sie nach einem Unfall mit Rechtsfolgen rechnen, die vielfältig sein können. Von einer Abmahnung oder Kündigung bis hin zu einer Geld- oder im schlimmsten Fall sogar einer Freiheitsstrafe.

Sie haben Verantwortung und dies bedeutet auch eine mögliche Haftung, also das Tragen der Konsequenzen, wenn etwas schiefläuft. Dessen sollten Sie sich bewusst sein.

Grundhaltung des Geräteführers

Umsicht, Rücksicht und Voraussicht durch den Fahrer sind unerlässlich. Ein Profi dreht ohne Lieferschein, Handy oder Getränk in der Hand seine Runden.

Rücksichtnahme, insbesondere gegenüber Schwächeren wie Fußgängern, ist gelebte Arbeitssicherheit.

Der versierte Fahrer erkennt **kritische Verkehrssituationen** rechtzeitig und stellt seine Fahrweise sofort darauf ein.

- Er hält ausreichend Abstand zu Personen!
- Er beobachtet aufmerksam das Umfeld!
- Er rechnet mit der Unaufmerksamkeit anderer!
- Er erzwingt nie die Vorfahrt!
- Er hält die Verkehrswege, Rettungseinrichtungen und Arbeitsplätze frei!
- Er engt durch abgestellte Lasten den Sicherheitsabstand auch nicht kurzzeitig ein!
- Er lässt sich nicht von Hektik oder Termindruck zu Unachtsamkeiten hinreißen!
- Für ihn ist jeder Verkehrsteilnehmer, ob Fußgänger oder Mitgänger-Flurförderzeugführer, ein gleichberechtigter Partner!

Pflichtbewusstsein und Verantwortungsgefühl zeichnen den Könner aus.

Nur berechtigtem Fachpersonal dürfen Sie den Gabelstapler überlassen; einem Jugendlichen nur unter Aufsicht. **Ein Unfall wäre sonst vorprogrammiert!**

Handeln Sie immer bestimmungs- und vorschriftsgemäß.

In diesem Sinne:
Allzeit sichere Fahrt!

Wichtige Vorschriften, Regeln und Gesetze

ArbSchG	*Arbeitsschutzgesetz*
BetrSichV	*Betriebssicherheitsverordnung*
DGUV	*Deutsche Gesetzliche Unfallversicherung*
DGUV V	*DGUV Vorschrift*
DGUV G	*DGUV Grundsatz*
DGUV R	*DGUV Regel*
DGUV I	*DGUV Information*
TRBS	*Technische Regeln für Betriebssicherheit*

DGUV V 1 Grundsätze der Prävention

DGUV V 68 Flurförderzeuge

DGUV R 109-017 Betreiben von Lastaufnahmemitteln und Anschlagmitteln im Hebezeugbetrieb

DGUV G 308-001 Qualifizierung und Beauftragung der Fahrerinnen und Fahrer von Flurförderzeugen außer geländegängigen Teleskopstaplern

DGUV I 208-004 Gabelstapler

DGUV I 208-031 Einsatz von Arbeitsbühnen an Flurförderzeugen mit Hubmast

DGUV I 208-061 Lagereinrichtungen und Ladungsträger

TRBS 1116 Qualifikation, Unterweisung und Beauftragung von Beschäftigten für die sichere Verwendung von Arbeitsmitteln

TRBS 1201 Prüfungen und Kontrollen von Arbeitsmitteln und überwachungsbedürftigen Anlagen

TRBS 1203 Zur Prüfung befähigte Personen

TRBS 2111 Mechanische Gefährdungen - Allgemeine Anforderungen

TRBS 2111 Teil 1 Mechanische Gefährdungen - Maßnahmen zum Schutz vor Gefährdungen beim Verwenden von mobilen Arbeitsmitteln

TRBS 2121 Teil 4 Gefährdung von Beschäftigten durch Absturz - Ausnahmsweises Heben von Beschäftigten mit hierfür nicht vorgesehenen Arbeitsmitteln

TRGS 554 Abgase von Dieselmotoren

Für den öffentlichen Verkehrsbereich:

BE	Betriebserlaubnis
FZV	Fahrzeugzulassungsverordnung
StVO	Straßenverkehrsordnung
StVZO	Straßenverkehrszulassungsordnung

Übungsfragen zur Prüfungsvorbereitung

Als Gabelstaplerfahrer müssen Sie eine Prüfung in Theorie und Praxis bestanden haben.

Zur Prüfungsvorbereitung haben wir Ihnen nachfolgend einige Übungsfragen zusammengestellt. **Kreuzen Sie die Antworten an, von denen Sie ausgehen, dass sie richtig sind. Je Frage ist nur eine Antwort richtig.**

Ob Sie die Prüfung bestanden hätten, finden Sie auf Seite 74.

Bitte schummeln Sie nicht, indem Sie bei der Beantwortung der Fragen schon in die Lösungen schauen. Damit schaden Sie nur sich selbst und täuschen eine trügerische Sicherheit vor, den Stoff zu beherrschen. Führen Sie erst den gesamten Test durch und schauen Sie dann in die Lösungen.

Wir wünschen Ihnen viel Erfolg beim Übungstest!

1. Welche Antwort ist richtig?

A Ein unbeladener Stapler kippt in der Kurve schneller als ein beladener.

B Wenn die Last möglichst hoch transportiert wird, ist es am sichersten.

C Ein beladener Stapler kippt leichter als ein unbeladener.

2. Worauf muss ein Staplerfahrer achten, wenn er mit seinem Stapler vom Freien in eine Halle fährt?

A Die Verkehrswege in der Halle sind meist unebener.

B Die Augen müssen sich erst an die veränderten Lichtverhältnisse gewöhnen.

C In der Halle reagieren die Ohren empfindlicher.

3. Der Staplerfahrer soll eine Last transportieren, die ihm die Sicht nach vorne nimmt. Was ist zu tun?

A Er muss lediglich langsamer fahren.

B Er hebt die Last so hoch an, dass er unter ihr durchschauen kann.

C Er fährt rückwärts oder mit Einweiser.

4. Wie befährt man mit dem Stapler eine schräge Ebene?

A Berg hoch mit der Last voran.

B Berg runter mit der Last voran.

C Berg rauf und Berg runter rückwärts.

5. Was tun Sie, wenn ein Kollege auf Ihrem Stapler mitfahren möchte?

A Er kann auf der Auftrittsstufe eine kurze Strecke mitfahren.

B Er darf nicht mitfahren.

C Er darf auf einer Palette oder besser in einer Gitterbox mitfahren, wenn er sich festhält.

6. Sie müssen für den Transport einer Last ein Anbaugerät verwenden. Worauf müssen Sie unbedingt achten?

A Dass der Stapler nun nur noch eine Resttragfähigkeit hat.

B Dass das Anbaugerät sauber ist.

C Dass das Anbaugerät vom selben Hersteller ist wie der Stapler.

7. Wie wird ein Stapler nach Schichtende richtig abgestellt?

A An dafür vorgesehenen Plätzen und abgeschlossen.

B Für den Notfall immer den Schlüssel steckenlassen.

C Dort wo Platz ist.

8. Welche Voraussetzungen braucht ein Staplerfahrer?

A Einen Führerschein.

B Er muss mindestens 1,70 m groß sein.

C Er muss geeignet und qualifiziert sein.

9. Darf ein Staplerfahrer nach seiner Qualifizierung sofort ohne Weiteres „loslegen"?

A Ja, denn jetzt kann er ja alles, was er zum Staplerfahren braucht.

B Nein, er braucht noch einen Fahrauftrag.

C Ja, wenn er auf seinem Stapler eingewiesen wurde.

10. Warum sollte ein Staplerfahrer Sicherheitsschuhe tragen?

A Weil seine Füße so besser geschützt sind.

B Weil der Staplerfahrer dann keine kalten Füße bekommt.

C Weil die Pedale damit besser bedient werden können.

Lösungen und Auswertung

Sicherlich sind Sie schon gespannt, wie Sie bei der theoretischen Prüfung abgeschnitten hätten. Hier sind die Lösungen:

1: **A**   2: **B**   3: **C**   4: **A**   5: **B**   6: **A**   7: **A**   8: **C**   9: **B**   10: **A**

Wie viele der 10 Fragen haben Sie richtig beantwortet?

0 - 3 richtige Fragen:	Leider wären Sie durchgefallen. Lernen Sie noch motivierter weiter, um sicherer zu werden. Sprechen Sie Ihren Ausbilder an, wenn Sie Fragen haben und lernen Sie mit dieser Broschüre weiter. Nur Mut, Sie schaffen es.
4 - 5 richtige Fragen:	Leider wären Sie noch durchgefallen. Lassen Sie sich nicht entmutigen, Sie sind auf dem richtigen Weg. Lernen Sie weiter, es dient auch Ihrer eigenen Sicherheit.
6 - 7 richtige Fragen:	Sie hätten bestanden. Sie haben jedoch noch einige Fehler gemacht. Lesen Sie in der Broschüre die Kapitel nach, die die Fehler betreffen, die Sie noch gemacht haben, und lassen Sie sich ggf. von Ihrem Ausbilder weiter dabei helfen.
8 - 9 richtige Fragen:	Sie hätten bestanden. Sie haben es schon richtig gut gemacht.
10 richtige Fragen:	Sie hätten mit voller Punktzahl bestanden. Das entspricht dem Wissen eines Profis. Doch seien Sie sich beim Einsatz nie zu sicher, stets zahlen sich auch Vorsicht und Umsicht aus.

Bildnachweis:

AdobeStock askar66 #509627293: Seiten 35, 57, 64 (Warnzeichen, Verbotszeichen)
AdobeStock allessuper_1979 #247276396: Seite 33
AdobeStock corepics #31264188: Seite 66
AdobeStock littlewolf1989 #376374845: Seite 69
AdobeStock mast3r #238992513: Seite 67
AdobeStock T. Michel #34330329: Seite 56
Resch-Verlag: Seiten 8 + 9 (Cover), 11, 14, 16, 17, 19, 55, 58 (Cover)

**Der Verlag dankt folgenden Firmen für die freundliche Bereitstellung von
Fotos / Abbildungen (in alphabetischer Reihenfolge):**
André Brockschmidt / Zeppelin Rental: Seite 48
Hiab Germany GmbH, D-22869 Schenefeld: Seiten 9, 42
Hubtex Maschinenbau GmbH & Co. KG, D-36041 Fulda: Seiten 7, 26, 44
Hyster Europe: Seiten 25, 27, 40, 43, 62
Jungheinrich AG, D-22047 Hamburg: Seiten 8, 12, 20, 31, 39, 42, 43, 45, 46
Kalmar Germany GmbH, D-22761 Hamburg: Seiten 7, 32, 51
Logisnext Germany GmbH, D-46149 Oberhausen: Seiten 12, 13
Manitou Group: Seiten 7, 10, 21, 24, 30, 36, 44, 68
Mitsubishi Forklift Trucks: Seiten 26, 58
PEFRA Aktiengesellschaft, D-84174 Eching/Weixerau: Seite 52
Robel Bahnbaumaschinen GmbH, D-83395 Freilassing: Seite 54
Still GmbH, D-22113 Hamburg: Seiten 6, 9, 12, 18, 41, 52, 57
Toyota Material Handling Deutschland GmbH, D-30916 Isernhagen: Seiten 6, 8, 39

Die Autoren danken in gleicher Weise:
Linde Material Handling GmbH, D-63743 Aschaffenburg: Seiten 7, 8, 12, 23, 27, 28, 31, 32, 34, 37, 38, 50, 53, 55, 56, 60, 61, 64
Merlo Deutschland GmbH, D-28197 Bremen: Seite 11
Riga Mainz GmbH & Co. KG, D-55120 Mainz: Seite 51
Schnirch, Ralf, D-50374 Erftstadt: Seite 43

Alle weiteren Fotos / Abbildungen von den Verfassern.